知りたい！サイエンス

小中英嗣 | 著

科学で迫る 勝敗の法則

スポーツデータ分析の最前線

「データを見て楽しむ」、
こんなスポーツの楽しみ方は
いかがでしょう。近年、
**親密さを深めつつある
スポーツとデータ**。
本書は野球、サッカー、バスケ、
ラグビー、バレーなどの
具体的な事例を挙げ、
その背後にある勝敗の法則に、
科学でじっくりと迫ります。

BASEBALL

BASKETBALL

VOLLEYBALL

Goal

Shoot

Central
League

Pacific
League

SOCCER

技術評論社

はじめに
──スポーツをデータで楽しもう！

この題名のこの本を手にしていただいている（ありがとうございます！）ということは，あなたは何かしらスポーツに関心をお持ちなのでしょう（これから持っていただく方も歓迎です）．さて，スポーツのどういったところに興味があり，楽しんでいますか？

スポーツへの関わり方は大きく分けて「自分で体を動かす」「選手のプレイを見て楽しむ」でしょうか．本書ではこのうち「見て楽しむ」側面，その中でも特に**「データを見て楽しむ」**ことについていろいろと語ろうかと思っています．

スポーツとデータは，特に近年親密さを深めつつあります．日本でも長年根強い人気の野球では打席単位で投手と打者の成績が数多く表示されます．世界的人気スポーツのサッカーでも，計測技術の発達により試合中に表示されるデータは増加傾向です．

そもそも，スポーツの多くは**「身体活動や物体の位置を数値に置き換える営み」**です．野球はボールの位置と選手の位置の関係が重要ですし，サッカーをはじめとした多くの球技は「ボールを特定の空間に通す」ことを勝利のための目的としています．その目的を達成するために選手は自分自身の身体を操る技術を洗練させ，観客はそれを見て魅了されます．

本書では前半の二つの章で異なる特徴をもち，データ計測や分析が異なる歴史をたどってきた二つの競技，**野球とサッカー**について述べます．野球（第1章）はプロスポーツにおいてデータ分析が大きな影響を与えたパイオニア的競技です．統計学が競技の理解や戦略を変えた「セイバーメトリクス」から，近年の物理計測（位置や速度の詳細な計測）技術

がもたらした発見である「守備シフト」「フライボール革命」などの事例を紹介します．

　野球がパイオニアならば，サッカーが最大のフロンティアでしょう．第2章では，データ計測や分析を拒み続けてきたサッカーの競技特性や，それでも積み重ねられ続けてきた古典的な成果について紹介します．そして今現在爆発的な速度で進みつつあるサッカーにおけるデータ分析の事例を紹介し，そこと交錯する人工知能（AI）の歴史も交えてスポーツデータ分析の行く先について展望を述べます．

　続く第3章では，身体活動をどのような値に対応させる規則を作るのか，つまり**「スポーツのルール」**について取り上げます．つい今しがた「スポーツは身体活動や物体の位置を数値に置き換える営み」であると述べました．どのような行動に対してどのような値，つまり「価値」を与えるかによって選手やチームがねらう動作や練習する技術が変化します．人気を維持し続けるスポーツはそもそもの運動としての魅力もさることながら，こういった「価値の設計」も巧みです．そこには道具の設計や先端技術を導入した審判の補助も含まれます．野球やサッカーに加え，バスケットボール，ラグビー，バレーボールなどの事例も含めて紹介します．

　第4章では，過去の成績から順序をつける方法，**レーティングやランキングの方法**について紹介します．全選手・チームが等しい条件で総当たりできる場合は勝率などの簡易な方法でも問題ないのですが，そうでない場合は何らかの工夫が必要になります．スポーツにおけるランキングはスポーツが世界規模に広がりつつあった1970年代以降に重要度を増してきました．素朴な設計が意図しなかった（であろう）妙な評価，大会に対する悪影響を引き起こした事例をいくつか紹介したのち，現時点

での決定版と呼べるランキング手法の数理的な背景について解説します．さらに，これが「重要度の順に並べる」「対戦結果に基づいて比較する」というもう一段一般化した観点から，スポーツを離れてWeb検索や資格試験にも活用される枠組みであることも紹介します．

　第5章では，著者自身がこれまでに行ってきた**数理モデルに基づくスポーツ大会の予測事例**を紹介します．「数理モデル」とは，現実に起こっている出来事の特徴を数学を用いて表したもののことです．予測がうまくいったもの，いかなかったものも包み隠さずお話しします．いずれの方法も勝敗や得失点など，公式記録として広く簡易に活用できるデータのみを利用し，できるだけ一貫した手法を利用しました．専門家や公式ランキングとも比較しています．

　「スポーツの予測モデルを作っている」と話すと「ギャンブルで勝てるようになるの？」と返されることがとても多いです．私自身は普段ギャンブルを全くやらないのですが（割に合わないと思っています），本書執筆開始時とちょうど重なったFIFAワールドカップ2022の試合予測くじ（WINNER）に挑戦してみました．結果についてはぜひ本文をお読みください！

▶▶ 著者と研究とスポーツの関係

　申し遅れましたがここで自己紹介をさせてください．名古屋にある名城大学で教員をしております小中英嗣（こなか・えいじ）と申します．スポーツデータの書籍を書いていますが，体育系の教員ではなく，大学の体育会系部活の関係者でもない，情報工学部の教員です．小学校のサッカー部では補欠，中学校のバスケットボール部では走るのが辛すぎて半年でやめてしまった，というスポーツ経歴です．もし読んでいただい

ているあなたがスポーツ経験がほとんどないとしても，安心してください．そんな私やあなたでも**スポーツをデータで楽しむことはできます！**

　私は大学の電気・情報系学部でシステム制御工学を学び，その分野の教員として現職につきました．システム制御工学は現実の問題の特徴を数学を用いて表現することでその問題の解決方法を導く学問です．今でも大学での担当授業は応用数学系が大半です．

　幼少期より今に至るまで，どうも自分の体を動かすことは苦手なのですが，なぜかスポーツ観戦は好きです．野球経験者の父親が，いつもテレビでスポーツ中継をつけていた影響が大きいですね．父親に連れられて訪れた，夕暮れから徐々に暗くなり照明がともるナゴヤ球場の風景はいまだに私の原風景です．また，ほんの数十年前でも今ほど世界が身近ではありませんでした．そんな時代，オリンピックなどの世界大会は「世界」を身近に感じられる扉でした（「カメルーン」という国を知ったのは1990年のサッカーワールドカップ・イタリア大会でした（ロジェ・ミラ！））．

　今から7～8年前でしょうか，友人に誘われてよく見ていたバレーボールについて，唐突に**「得点の推移を数学で表すと面白いのでは？」**と思ってプログラミングをはじめたのがきっかけでした．無理に引き合わせたわけではありませんが，趣味のスポーツ観戦と，専門としていた数学による世界の表現（数理モデル化）が出会ってしまったのです．

　その発見自体は今となってはそんなに目新しいものではないことはわかるのですが，どうやら私はここで「スポーツデータ分析」という研究分野の扉を開いてしまったようです．それ以降研究発表や論文執筆ができるようになるなど，自分なりに楽しく頑張ってきました．今では新しい専門分野として名乗ってもいいのかな？と思えるまでになっています．

本書の後半（特に第4章と第5章）では私が興味を持って続けている数学に基づく実力評価と結果予測について，私の成果をいくつかご紹介します．

　スポーツは広く興味を持たれる分野ということもあり，数年前からX（旧Twitter），ブログ，個人Webサイトなどで成果物を公開しています．そのうちのいくつかが技術評論社編集者の佐藤さんの目に留まったようで，お声がけいただき，本書執筆の機会を得ました．最近の研究成果だけではなく，幼少期より趣味で積み重ねてきたスポーツデータへの知見（と愛情）を広く皆様にお伝えできるのを非常に光栄に感じております．本書を読んで「スポーツの楽しみ方が広がった」「学校で勉強する数学の使い方を知ることができた」となる方が一人でもいたらうれしいです．

　名古屋より，名古屋グランパスの優勝を願いながら．

2023年12月　小中　英嗣

目次

はじめに iii

第1章
野球とセイバーメトリクス
スポーツデータ分析のパイオニア
1

1.1 「頭を使わなくてもできる野球に
なりつつあるような」................................... 3

1.2 見慣れた数値は選手を評価できているか？
—— 打率，打点，勝利投手................................ 4

1.3 セイバーメトリクスと「マネー・ボール」
—— 統計学がプロスポーツを変えた....................... 7

1.4 スコアブックから物理計測へ
—— Statcast 17

1.5 物理計測以降の野球 29

1.6 野球は「解明」されたのだろうか？ 37

第2章
サッカーのデータ分析
スポーツデータ分析のフロンティア
41

2.1 データ分析に立ちはだかるサッカーの特徴.............. 43

2.2 サッカーの得点と，馬に蹴られてしまった兵士.......... 45

2.3 サッカーにも物理計測の波が
—— トラッキングデータ 52

2.4 計測データ蓄積の成果
—— ゴール期待値 53

2.5 AI（人工知能）とサッカー分析の近未来 65

第3章 3ポイントシュートの革命
ルールが誘導する動作

73

3.1 （身体活動としての）楽しみ・気晴らし 75
3.2 劇的な変化を生むルール変更
　　—— 3ポイントシュート 77
3.3 困難な挑戦を後押しするルール変更
　　—— ラグビー 84
3.4 勝ちの価値
　　—— 勝点制度 88
3.5 選手にも運営にも観客にもやさしく
　　—— ラリーポイントとサイドアウト 92
3.6 バランス調整の旅は続く 97
3.7 判定にテクノロジーを 100

第4章 「順序をつける」巧みな方法
さまざまなレーティング・ランキング手法

111

4.1 均衡した日程・不均衡な日程 113
4.2 日本が9位!?　初期FIFAランキングの欠陥 115
4.3 特定国の優遇
　　—— バレーボール（旧）世界ランキング 116
4.4 トーナメント形式で順位をつけるには？ 127
4.5 公式ランキング認定，最大の番狂わせ！
　　—— ラグビー世界ランキング 136
4.6 物理学者アルパド・イロとチェス
　　—— イロ・レーティング 139

4.7 スポーツのランキング事情 143

4.8 横綱は「強さランキング1位」なのか？
　　——ランキングシステムとして見る大相撲番付 145

4.9 レーティングを計算してみよう 151

4.10 Web 検索はランキングである 160

4.11 試験 = 受験者 vs. 問題 163

第5章 予測モデルの腕試し
実際のスポーツ大会を予測してみよう！
167

5.1 「538」は何の数字？ 169

5.2 バレーボール観戦で気づいたこと 170

5.3 球技統一の予測手法
　　—— オリンピック予測プロジェクト 175

5.4 サッカーの予測に挑戦する
　　—— ロシアワールドカップ編 185

5.5 ラグビーワールドカップ in Japan 187

5.6 サッカーの予測に挑戦する
　　—— EURO2020 編 192

5.7 サッカーの予測に挑戦する
　　——ワールドカップカタール大会編 196

5.8 自腹で WINNER（サッカーくじ）に
　　挑戦してみた 205

おわりに 221

参考文献 226

索引 235

第 1 章

野球とセイバーメトリクス
スポーツデータ分析の
パイオニア

ナゴヤドーム（現名称バンテリンドームナゴヤ）［日本，名古屋］（2010年11月）
中日ドラゴンズ（野球, NPB）の本拠地球場．プロ野球本拠として東京，福岡，大阪に続く日本4番目のドーム球場．フィールド形状は標準的だがフェンスが高くホームランが非常に出にくいことで有名．写真は2日連続延長戦ののち日本一を逃した2010年の日本シリーズ第7戦．

　どのようなプレイが勝利に貢献できるのかを，実はプロスポーツ選手はよくわかってない，ということがあり得るのでしょうか？

　どのような練習が勝利に直結する能力を向上させるのかをよくわかっていないコーチが，どのような采配が勝率を向上させるのかをよくわかっていない監督が，どのような若手が今後名選手に成長するのかをよくわかっていないスカウトが，果たしているのでしょうか？

　そういった選手や監督が知らなかった競技の本質を発掘するのが，スコアブックを眺め続けたデータマニアや，選手経験がないコンピュータ技術者だったりすることがあるのでしょうか？

1.1 「頭を使わなくてもできる 野球になりつつあるような」

2019年3月，メジャーリーグ（MLB）の大スター，イチロー選手が引退会見を行いました．東京ドームで行われた試合後の深夜に，一時間半にわたってイチロー選手の貴重な経験や見解が語られました．

その中で，私は以下の一節にとても興味を持ちました．

> 「2001年にアメリカにきてから2019年現在の野球は，まったく違う野球になった．頭を使わなくてもできてしまう野球になりつつある．現場にいる選手はみんな感じている．これが，今後，どう変化するか．次の5年，10年，しばらく流れは止まらないと思う．本来は，野球というのは，頭を使わないとできないスポーツなのに，そうでなくなってきているのが，どうも気持ち悪い．」[1]

イチロー選手が「選手が頭を使わなくなった」という表現でどういった状況を指し示そうとしているのかについては想像の域を出ませんが，私はこれを近年メジャーリーグで進んでいる**「データに基づく野球の解明」**と関係があるのではないか？と理解しています．

そう．野球は「解明」されつつあります．

1.2 見慣れた数値は選手を評価できているか？
——打率，打点，勝利投手

　私が（日本の）プロ野球に興味を持ち始めたのは1980年代の後半でした．野球中継を見ていると，打者が打席に入るごとに打率，打点，本塁打，……，投手が交代すると勝利，敗北，ホールド，セーブ，防御率，……と，数多くの数値が画面に表示されます．翌日の新聞も楽しみです．順位表，打率や本塁打数のランキングなど，野球を伝える紙面は数値であふれていました．

　このことは野球の競技としての特徴に関係があります．野球では投手の1球ごと，打者の1打席ごとに数値化しやすい形で結果が判定され，いったん試合が中断されます．「3回表1アウト走者2塁．チームAの投手a選手がチームBの打者bに対してストライク，ボールの後の3球目，打者bの打球は1塁と2塁の間をゴロで抜けてチームAのライトが捕球．その間に2塁走者は本塁まで進み1得点．打者bは1塁でセーフになった」のように試合経過を記録できます．そのための専門の記法や記入シート（スコアブック）も用意されています．このように各選手のそれぞれの場面での成果，特に投手と打者の成績を細かく記録することが可能であったため，それらを集計・加工した数値によって選手の実績を表現することができるのです．

　一部の熱烈な野球ファンはスコアブックの収集・管理を始めます．その中でも1990年台半ばに創設されたRetrosheetプロジェクト [2] は，1871年以降のメジャーリーグ（MLB）のスコアブックを網羅的に収集・管理しているサイトとして有名です．近年ではデータ重視の流れからリ

ーグが公式にWebサイトなどで提供するデータは質・量ともに急速に改善されつつあります．

どのデータが選手の貢献を表しているのか？

スコアブックやデータを集計する目的や利点は何でしょうか？　一つは選手の特徴や勝敗への貢献を量で表すことにあります．打率が高い，本塁打が多い打者はきっと良い打者で，得点圏打率が高く勝利打点が多い打者は勝負強く，勝利が多い投手はそのチームのエースでしょう．盗塁数が多い選手は足が速いでしょうし，失策が少ない選手は守備が上手であると想像されます．

実際に起こった回数や比率を集計した数値であるので，こういった直感はとても妥当なものに思えます．しかし，こんな疑問を持つ人たちがいました．**「たまたま集計した回数や割合が，本当に野球というスポーツの勝利に対する貢献を表しているのだろうか？」「その値を計上する条件そのものに誤りはないだろうか？」**

実際，打者の成績として頻繁に参照されるのは打率（安打数÷打数）ですが，得た塁の数であれば長打率（1打数あたりの塁打数の平均値）ですし，アウトにならず攻撃を続けることを重視するのであれば出塁率です．果たして，どの値が最も勝利に対する貢献を表現できているのでしょうか？　打率は本塁打，打点と並び打者の主要タイトル（この3つでリーグ最高となることは「三冠王」と呼ばれ特別な尊敬を受ける称号です）ですが「出塁率王」が言及される機会は多くありません．ただ，このことは打率が出塁率よりも勝利への貢献度が高いことを意味していませんでした．なぜなら，打率と出塁率のどちらがより勝利に大きく貢献するのかを証明した（しようとした）人がいなかったからです．

　伝統的に集計されてきた指標のうち，時代が下って価値がないとされたり，判定方法が競技の変化と合わなくなることもあります．一時期新聞紙上でランキングが記載され，公式表彰の対象でもあった勝利打点は現在言及されることがほとんどありません（日本のプロ野球（以降NPB）での公式記録としての表彰は1981年から1988年まで）．投手の勝利・敗北の判定基準は単純な出来事の回数や比率とは言い難いものですし，そもそも初期の野球での「先発投手が完投することが多い」状況を前提とした判定方法です．投手交代が一般的になるにつれ，交代後試合終了まで投げた投手（抑え投手）に対する評価としてのセーブがまず創設されました（MLB：1969年から．NPB：1974年から）．その後，セーブを獲得できる条件を満たしつつ登板する状況を毎回均一にする，例えば抑え投手は原則9回開始時に登板し，1イニング（3つのアウトを獲得する）のみ投球する，などの要因により抑え投手の投球イニング数が短くなり，先発投手の後，抑え投手が登板するまでのいわゆる中継ぎ投手の重要度が増すことになりました．中継ぎ投手の評価指標がなかったため，彼らに対する評価としてのホールドが1980年台半ばに考案されました（MLBでは非公式指標の扱い．NPBでは1996年にパ・リーグが採用し現在はセ・パ両リーグ公式指標）．これらのように，指標の設計方法によっては特定の貢献をしている選手をうまく評価できない（逆に言うと，本当は勝利に貢献できていない選手を過大評価してしまう）可能性があるわけです．

1.3 セイバーメトリクスと「マネー・ボール」
——統計学がプロスポーツを変えた

革命はいつだって常識はずれなところに情熱を注ぐ誰かによってもたらされます.

元メジャーリーガーのビリー・ビーンがオークランド・アスレチックスのゼネラルマネージャー（GM）に就任したのは1997年でした. 1990年台中盤まで，選手に高い給料を支払うことを厭わない球団オーナーの経営方針が功を奏し，アスレチックスはワールドシリーズ進出を何度も成し遂げる強豪球団でした. しかし，そのオーナーが1995年に死去し，経営方針が大幅に転換. 選手へ支払う予算は潤沢とは言えなくなります. その結果，レギュラーシーズンの成績が1992年には96勝66敗だったのが1997年には65勝97敗まで落ちてしまいます. 勝率0.401は全29チーム中最下位でした（表1.1）.

表1.1　オークランド・アスレチックスの成績（1990年から1997年）

年	勝率	勝利	敗北	地区順位 （地区チーム数）
1990	0.636	103	59	1 (7)
1991	0.519	84	78	4 (7)
1992	0.593	96	66	1 (7)
1993	0.420	68	94	7 (7)
1994	0.447	51	63	2 (4)
1995	0.465	67	77	4 (4)
1996	0.481	78	84	3 (4)
1997	0.401	65	97	4 (4)

チームを強化するには良い選手を雇う必要があります. 他球団からフ

リーエージェント（FA）やトレードで獲得するか，新人をドラフト会議で指名するか．FAとなっている選手は多数の球団がすでに良いと判断している選手が多く，その獲得は自由競争なので給料が非常に高額になります．予算を抑えたいアスレチックスには適さない方針です．ドラフト会議でも，学生時代に目立った成績を残している注目選手は複数球団が競合し，結果として契約金が高騰する傾向があります．そこでビリーが選択した方針は「**これまでのスカウトの判断基準では過小評価されている選手を発掘する**」でした．

スカウトの判断基準を出し抜くためには，勝利へ貢献できる選手の特徴をスカウトの判断基準よりも正しく判断できる必要があります．また，具体的に何ができること・達成することが勝利へつながるのかを正しく判断する必要があります．先ほどの例でいうと，打率，長打率，出塁率のどの数値が勝利に最も関係が深いのでしょうか？

ビリーがフロント入りしたときにはアスレチックスの一部スタッフはすでに過去のデータに基づいた選手評価を実践しようとしていました．総得点と関係が深いのは，打率よりも出塁率や長打率であることを調査から突き止めていたのです．ビリーはこの考え方を知ると感銘を受け，こういったデータや統計学に基づく選手評価に基づきチームを運営していくことを決意し，ついにはGMに就任してそれを実行に移したのです．

データと統計に基づく野球の理解，特に定量的指標の開発は今日ではセイバーメトリクス（SABR Metrics）と呼ばれています．SABRはSociety for American Baseball Research（日本語では「アメリカ野球学会」）の略，metricsは「測定基準」という意味の単語です．このセイバーメトリクスと呼ばれる分野の創始者として知られているのが，ビル・ジェームズという人物です．ビリー・ビーンもジェームズの著作の影響

を受けています.

ジェームズ自身は言ってしまえば「野球ファン」でした.プロ選手としての経験はありません.仕事の傍ら,野球のデータと統計に関する冊子 "Baseball Abstract" を1977年以降自費出版するようになります.この一連の冊子の中でジェームズは野球に関するデータをていねいに調査し,当時の野球の常識とされている評価指標や作戦について疑問を投げかけ,具体的なデータに基づいて反論を試みました.巻を重ねるにつれ,売上部数は増加し読者層も広がっていきます.それから20年の時間はかかりましたが,賛同者がメジャーリーグの球団GMに就任するときが来たのです.

スポーツを数学に基づいて理解・分析する学術的な研究は大学でも行われていました.日本で有名な論文としては,1979年に出版された『野球のOR』[3] があります.ORとはオペレーションズ・リサーチと呼ばれる,行動や意思決定の理論を数学的に構築・理解する学問分野です(一般的には経済学の一分野と見なされています).この論文では盗塁すべき状況,バントやヒットエンドランの効果について論じています.出版がジェームズの "Baseball Abstract" 第1巻と似た時期であることから,この時代にスポーツを数学的に理解しようという機運がさまざまなところで高まっていたことが伺えます.この論文,最後の一文がとても示唆に富んでいるので紹介します.

　　　……モデルを改良したりするのもまた一興と思われる.しかしながら,あまりに精巧なモデルを作ると,野球の面白さが減少する恐れがあるので注意されたい.

　余談ですが，この論文の著者は今現在最も知られている業績からすると意外な人物です．——鳩山由紀夫氏，もちろん総理大臣を経験したあの人物です．

　話をビリーのアスレチックスに戻しましょう．セイバーメトリクスに基づき，出塁率を重視した斬新な基準で選手を評価します．出塁率は当時他球団では重要視されていませんでした．何らかの理由で欠点がある（例えば，足が遅い，など）と他球団が判断し，ドラフトの指名対象外とされていたり，安い給料で雇われている選手を積極的にリストアップします．アスレチックスは自球団の看板選手が好条件で他球団へ移籍したことでできたポジションの穴を埋めるために，リストアップした選手にお値打ちな給料を支払うことで人件費を予算内で収めながら勝利に近づく選手層づくりを実現していきます．1999年には87勝75敗で地区2位となり，ビリーの改革の成果が現れ始めます．2000年には地区優勝，2001年には大台に乗る102勝を挙げました．102勝もしたのに地区2位なのは，同地区のシアトル・マリナーズが116勝という歴史的好成績を残したからです．2001年はマリナーズにイチロー選手が移籍した年でもあります．2002年には20連勝を含む103勝（59敗）で地区優勝．103勝は何倍も多い人件費を支払うニューヨーク・ヤンキースの勝利数と同数でした．ちなみに，この「20連勝」を超える記録は1935年までさかのぼらなくてはならないほどの大記録でした．1998年以降の成績（表1.2）を見ると，人件費抑制に余念がないチームのものとは思えません．

表1.2 オークランド・アスレチックスの成績（1998年から2005年）

年	勝率	勝利	敗北	地区順位 （地区チーム数）
1998	0.457	74	88	4（4）
1999	0.537	87	75	2（4）
2000	0.565	91	70	1（4）
2001	0.630	102	60	2（4）
2002	0.636	103	59	1（4）
2003	0.593	96	66	1（4）
2004	0.562	91	71	2（4）
2005	0.543	88	74	2（4）

　一連のオークランド・アスレチックスのデータと統計による球団経営革命は著述家のマイケル・ルイス氏により『マネー・ボール』[4]と題された書籍にまとめられました．出版は2003年．瞬く間にベストセラーとなりますが，メジャーリーグ内の価値観と衝突することが多かったようで，その顛末は後日再出版された「完全版」に（少し辛辣な表現を含んで）述べられています．ビリーがアスレチックスでセイバーメトリクスによる成功を成し遂げられたのは，それに頼らざるを得ないほど資金不足に悩んでいたからに他なりません．資金が潤沢にあるチームはプロ経験もない数学者をチーム内部に招待する動機も理由もありませんから．出版からしばらく経ち，『マネー・ボール』は2011年にブラッド・ピット主演で映画化されており，こちらもヒットを記録します．この映画がセイバーメトリクスの一般野球ファンへの普及を後押しした印象があります．

　このころまでにはデータに基づく選手評価は他のチームにも波及していました．例えば，アスレチックス同様予算の少なさに苦しんでいたクリーブランド・インディアンスはチーム独自のデータベース「ダイアモンド・ビュー」を構築し，将来の成績予測や，選手間での適切な年俸配

分についての統計データを球団経営に活用していました [5].

　セイバーメトリクスの創始以降，野球界の外側から大きな影響を与えてきたジェームズは自分の考え方がメジャーリーグの現場に受け入れられることを長年望んでいたようです．それは彼が2003年にボストン・レッドソックスに招聘されることで現実となりました．部外者の数字遊び，と敬遠していたチームも，実績が積みあがるにつれて統計学を無視できなくなってきました．

　こうして，2000年代前半には過去の蓄積データと統計学により，メジャーリーグという一大スポーツに革新がもたらされたのです．

初期セイバーメトリクスの産物

　ここで，初期セイバーメトリクスで提唱された「新しい」指標をいくつか紹介しましょう．

▶ RC（Runs Created，「打者が創出した得点」）[6]

　各打者が「創出した」得点数を評価する指標で，基本となる最も単純なものは次式です．

$$
\begin{aligned}
RC &= (獲得塁打数) \times (安打数 + 四球数)/(打数 + 四球数) \\
&= (出塁率) \times (長打率) \times (打数) \\
&= (出塁率) \times (獲得塁打数)
\end{aligned} \tag{1.1}
$$

　出塁率は打者がアウトにならなかった割合で，それと獲得塁打数をかけた値です．出塁と進塁の二つの能力を同時に評価できる指標となっています．

▶ OPS (On-base Plus Slugging) [7, pp.115-120]

$$OPS = (出塁率) + (長打率) \tag{1.2}$$

OPSはその名前の通り，出塁率（On-base）と長打率（slugging）を加算（plus）した値です．RC同様，出塁と進塁の二つの能力を同時に評価できる指標となっています．

チームのOPSと得点の関係を調べると，OPSの値でほぼ得点の値を予測できることがこの指標を利用する利点です．

統計学では「決定係数」を算出して一つの値からもう一つの値をどの程度予測できるのかを測ります．打率，出塁率，長打率，OPSそれぞれと得点の決定係数を算出すると，打率 < 出塁率 < 長打率 < OPSの順に決定係数が大きくなることが報告されています [7, pp.115-120]．さらに，OPSはその計算が簡単であることもあり，セイバーメトリクスでは頻繁に参照される指標です．

▶ 投手の評価：本塁打と四球と三振 [7, pp.89-96]

伝統的な投手の評価指標は勝利，防御率などです．ただし，これらの指標には自チームが得点できたかどうかや，野手の守備のうまさなどが含まれており，投手のみの貢献を分離したものではない，ということがセイバーメトリクスの初期から主張されてきました．

その文脈で，「投手の責任を守備から分離するために，守備とは関係がない（弱い）出来事である本塁打，四球，および三振のみを利用する」という主張が提案されました．確かに，打球が外野フェンスを超えてしまえば守備はできることがありません．三振と四球もボールが野手の前に飛ばないわけですから，これらも守備とは関係が弱そうです．

この主張を裏付けるために，データの巧妙な分析方法が考案されました．まず，インプレー打率（BABIP, Batting average on balls in play）を，「本塁打以外の打球が安打になった割合」と定義し，毎年投手ごとに算出します．

さて，このインプレー打率の高低が投手の安定した技術である，言い換えると「打たせて取る」技術が安定して高い投手がいる，のであれば，そういった投手のインプレー打率は年によらず一定で低い値になるはずです．しかし，同じ投手の2年間のインプレー打率の間には相関関係がほとんどないことが統計的に明らかになったのです．

それに対し，奪三振率（＝（奪三振数）/（対戦打者数））は連続する2年の値の間に明確な相関関係が認められました．与四球率や被本塁打率についても，奪三振率よりは弱いものの，年度間の相関が認められています．したがって，奪三振，与四球，被本塁打は投手の安定した技術と考えた方が良いことがわかります．

▶ WHIP（Walks plus Hits per Inning Pitched）[8]

WHIPはその名称通り，投手が1イニング（＝3アウト）投げる間に安打と四球で何人の走者を許したのかを示しています．

$$\mathrm{WHIP} = （被安打数 + 与四球数）/（投球イニング数） \quad (1.3)$$

打者の（安打数 + 四球数）/（打席数）は出塁率なので，WHIPは被出塁率に相当する指標です（分母が打者数ではなくイニング数となっている点のみ異なります）．出塁率は打率よりも得点との相関が強いこと，および計算しやすい指標であることから初期のセイバーメトリクスで分析

に利用されていました．今では一般ファン向けに中継やWebサイトなどでも参照できる指標となっています．WHIPの発明の貢献としては，古典的な指標では「投手の被出塁率」に関する指標が用意されず，勝利数や自責点・防御率などの算出方法がより複雑なのにも関わらず選手個人の貢献を定量化できていない指標が漫然と使われてきたことを指摘したことにあるでしょう．

なお，前項で示した通り被安打には守備の影響が含まれているため，現在のセイバーメトリクスではWHIPは投手の能力を適切に表せていないと見なされています．

▶ ピタゴラス勝率 [7, p.25]

チームの勝率が得点と失点に基づく以下の式で予測できると主張されています．

$$(勝率) = \frac{(得点)^2}{(得点)^2 + (失点)^2} \tag{1.4}$$

見た目が直角三角形のピタゴラスの定理（三平方の定理）$a^2 + b^2 = c^2$に似ていることから名付けられたそうです（個人的にはあまり似ているとは思えませんし，幾何的な意味も異なるのであまり好きな命名法ではありませんが……）．

図1.1に日本プロ野球の直近10年間（2013年から2022年）で，横軸と縦軸をそれぞれピタゴラス勝率と実勝率とした散布図を示します．リーグに依存せず，ピタゴラス勝率と実勝率が近い値になっていることがわかります．決定係数は0.892と，ピタゴラス勝率で実際の勝率がほぼわかることを示しています．この図はシーズン終了後の得失点と勝率の

関係ですが，シーズン途中，特に後半ではチームの得失点の能力はそれまでとほぼ変わらないと仮定できるので，未来（例えば次の日）の試合の勝率の予測にも利用できます．

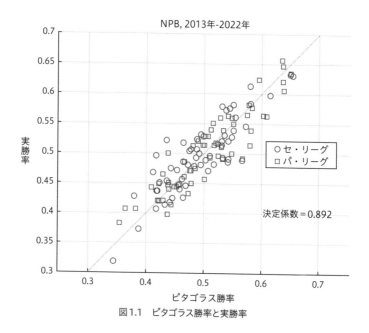

図1.1　ピタゴラス勝率と実勝率

　ピタゴラス勝率の発見により，得失点それぞれの変化がどの程度勝率に貢献するのかを定量化できるようになりました．

　得失点から勝率を予測するピタゴラス勝率については第5章でも言及します．実はこの発見はある特徴を持つスポーツ全般に適用できるものなのです（そして，その理由がわかると「ピタゴラス」という命名に違和感を覚えることになります）．

1.4 スコアブックから物理計測へ
——Statcast

　セイバーメトリクスは野球というスポーツにおいて最大の目的である「勝利」へ貢献する要素を分解し，正しく理解する基礎を築きました．その背景には過去のデータを正しく蓄積し，過去から未来を適切に予測する数学の働きがあります．

　しかし，スコアブックで記録できる細かさの単位でできる分析には限りがあります．また，その知見が広く共有されると現実の選手評価に反映され，スカウトの（誤った）評価を出し抜くことが難しくなります．

　時は流れて野球界の外ではデータ計測やコンピュータ環境が劇的に発展します．その発展が野球界に新たな革新をもたらすことになります．

🏵 計測できない事実の理解は難しい

　馬が全速力で走っているとき，四本の足はどうなっているのでしょうか？　馬術や競馬をご覧になったことがある方は想像してみてください．

　1821年に描かれた「エプソムの競馬」（作者：テオドール・ジェリコー．ルーブル美術館所蔵．図1.2）では四本の足が前後に伸びきって馬が軽快に跳ぶように走っている様子が描かれています．ジェリコーはどうやってこの瞬間を見たのでしょうか？

図 1.2　「エプソムの競馬」[9]

　答えは,「**見たわけではなく,想像で描いた(に違いない)**」です.全速力で走る馬の速度は時速 60 キロに達します.秒速に直すと約 17 メートルです.その瞬間の 4 本の足の様子を肉眼でとらえるのは至難の業です.写真はどうか?　高速で走る馬の足の様子までしっかりと撮影するためには短いシャッター間隔で十分光を取り込み,なおかつ短時間で像を定着させられる高感度材料が必要でしたが,1820 年代にはそれらが発明されていないことがわかっています.

　走っている馬の足の様子の問題は,撮影技術が向上した 1878 年,エドワード・マイブリッジという人物によって解決されます.馬が走る様子を知りたいという大農場主から資金援助を受け,走る馬の撮影を試みます.ワイヤーにつながれた 24 台のカメラを馬の走路を撮影するように設置しました.シャッタースピードは馬の速度にあわせて十分高速に設定

されました．走る馬がワイヤーをひっかけるとカメラのシャッターが降りるように設定されました［10］．

そして撮影されたのが図1.3です．宙に浮いている瞬間の馬の四本の脚は前後に伸びているでしょうか？——伸びてはいません．体の下にあったのです（上段中央2枚）．

図1.3 「動く馬」［11］

このように，観測できない現象を理解することは簡単ではありません．人間が余裕をもって検知できる大きさ・速さの範囲は決まっています．その範囲を超える現象を理解するためには，科学的原理に基づいた確実な計測技術の助けが必要です．

さて，野球のボールやバットの動きはどうでしょう？

ミサイルと野球が出会うとき

「動く馬」以降，カメラは動画撮影へと発展し，デジタルビデオカメラ

とパソコンによる動画処理の時代が訪れます．メジャーリーグでは2006年のポストシーズンから，カメラ画像による投球計測システムPITCHf/x[12] が導入されました．ここで投手は自分のボールがどこで手から離れ，どれだけ回転しながら，どのような軌道でキャッチャーミットに収まるのか，を数値で確認できるようになりました．

　ちょっと意外な，でもよく考えると納得の異分野技術も活躍しています．「トラックマン」は2003年に創設された会社です［13］．設立の目的は「ゴルフボールとクラブの運動と軌道を計測する装置の開発」です．創設者が技術協力を問い合わせたエンジニアはミサイルなどの弾道計測の専門家でした．

　移動する物体の位置や速度を計測する手法はさまざまですが，そのうちの一つはドップラー効果を活用するものです．高校の物理の教科書でおなじみかもしれません．壁に波が当たると反射することを活用すると，波の速さと反射してきた波を計測するまでの時間を用いて壁までの距離を測ることができます．同時に，移動している物体に波が当たるとその周波数（1秒当たりの振動数）が変化するので，装置から発生させた波と反射してきた波の周波数を比較すると物体の速度を計測できます．トラックマンはこの原理を活用し，クラブでボールを打つときのクラブの軌道や，打たれたボールの軌道を計測する装置を開発しました．製品名も「トラックマン」です．トラックマンによる詳細な物理計測はゴルフに新たな知見，例えば最も飛距離を出せる打ち出し角度と回転速度，をもたらすことになります．

　ゴルフでの成功をひっさげ，この技術はやがて野球にももたらされます．クラブがバットに，ゴルフボールは野球ボールとなり，軌道や速度や回転速度がつぶさに計測されることになります．カメラ画像と得意な

計測を組み合わせることで選手の位置や速度も計測できるようになりました.

　計測機器の充実により,スコアブックのプレイ単位のデータ（1試合当たり数百から数千程度）から,1秒間に数百〜数万点の頻度で大量にデータが測定される時代に突入しました.

データがもたらした新しい野球戦術

　セイバーメトリクスは野球の真理の一部を明らかにしましたが,それでも難しかったのが守備の評価です.野球の守備評価で長い歴史を持つ失策（エラー）は記録員の主観に依存します.「その打球はアウトにできるはずだったのに失敗した」という判断でエラーを記録するのであれば,野手が難しそうな打球を追いかけるのをあきらめて,記録員に「アウトにできるはずがない」と印象付けるとエラーは記録されません.その結果守備率（守備の成功回数を守備機会で割った値）も向上してしまいます.

　同じ軌道のフライであっても,守備位置や予測が悪いけれども足が速いのでダイビングキャッチできる選手と,守備位置と予測が正しいので余裕をもって捕球をできる選手のどちらを「守備がうまい」を評価するべきなのでしょうか.ダイビングキャッチは華やかですが,最初に立っている場所が良いことは観客の視覚へのアピールが少ないでしょう.専門家もひょっとしたら騙されてしまうかもしれません.

　このように,守備の能力を評価するためには,打球がどの方向に,どの程度の速度で飛び,何秒後にどこに着地したのかを記録する必要があります.それらの数値が明らかになることでやっとその打球に追いつくのが簡単か難しいのかを判定できるのです.そういったデータの記録は

非常に手間がかかるものであり，地道に記録していた人物やチームはごく限られていました．そんな状況でPITCHf/xやトラックマンなどの計測技術により，ボールや打球の軌道データが大量にもたらされます．

野球の計測に用いられている要素技術や商品名は歴史的にはさまざまなものがあり，本書はそれらを網羅する役割はありません（他の書籍では［5］［14］などが詳しいです）．本書執筆時点（2023年11月）でMLBが採用しているシステムはStatcast（スタットキャスト）と呼ばれる複合的なシステムです［15］．2020年の報告では，テニスのボール計測で有名なHawk-Eye Innovationsの高速度カメラを12台球場に設置し，秒間50フレームまたは100フレームで画像を撮像することでボールや選手の位置・速度を計測しています．画像処理技術の発達により，動画から選手の関節を自動で検出する機能も実現しています．

こうしたボールの軌道データを活用し成果を上げたチームとして，ピッツバーグ・パイレーツが知られています．これから紹介する事例のより詳細は［5］で紹介されています．

パイレーツはアスレチックス同様資金難と成績低迷に苦しんでいたチームでした．その低迷ぶりはアスレチックスですらかすんで見えます．1993年から2012年まで20シーズン連続で負け越し（勝率5割以下），地区最下位9回（5〜7チーム中），2010年には105敗を喫しています．成績がこれでは人気があるはずもなく，選手獲得の予算の余裕もありません．パイレーツは選手の給与を増やさずに勝率を上げるための活路をボールの軌道データに見出そうとしたのです．

守備の最適な配置はどこか？

守備時，内野の野手は投手と捕手以外に4人（一塁手，二塁手，遊撃手，三塁手）です．この4人は一塁と二塁の間に二人，二塁と三塁の間に二人，塁を結んだ線よりもやや後方に均等に守るのが定石と考えられていました．打球が均等に飛ぶのであれば，守備も均等に守るのが良さそうです．さて，**本当に打球は均等に飛ぶのでしょうか？**

これに関しては，多く試合を観戦するとぼんやりと直感ができ上がります．ホームランをたくさん打つような強打者の打球は特定の方向に偏る傾向にあります．右打者（ホームベースより三塁方向のバッターボックスに立つ）であれば三塁・左翼方向です．こういった打ち方は「引っ張る（pull）」と呼ばれます．引っ張った打球が遠くに飛ぶ理由の一つとして，バットを長い時間加速させた後にボールと衝突するようにタイミングをはかると衝突地点はより投手に近い方向となり，自然とボールが飛ぶ方向がそちら方向に向かう，と説明されます．その時，バットがボールの下に当たればボールが浮き上がり，上に当たるとゴロになります．

ボールの軌道データはぼんやりとした直観に証拠を与えました．打球方向が偏る打者が無視できないほどいたのです．打球方向が偏るのであれば，内野手4人を均等に守らせる理由はありません．打球が偏っている方向，例えば右打ちの強打者であれば三塁方向，に守備を偏らせましょう．一塁と二塁の間に一塁手一人だけ，という守備陣形が完成します．こういった偏った配置は守備を基本（とされてきた）位置からずらすので**シフト（shift）**と呼ばれます．

シフトはこれまでに試されていなかったわけではありません．特殊な状況・特定の打者に対して限定的に試みられた記録が残っています．ただ，監督がシフトを指示したにも関わらず，通常の守備陣形であればア

ウトとなっていただろう緩いゴロが外野に抜けていった状況を想像してみてください．データの裏付けなくこの作戦を何度も遂行できるチームがなかった理由がわかります．

データの裏付けにより打者ごとの打球の偏りに応じた守備シフトでパイレーツは多くのアウトを獲得できるようになりました．その理論は投手と打者の特徴の組み合わせを考慮するまで発展します．

好ましい球種・好ましくない球種

ボールの軌道データは投手の投げた球種やその変化量も含んでいました．打球データと組み合わせると，どういった球種がどのような打球になりやすいかがわかります．

打球の種類は大きく分けると二つ，フライ（ボールが上に飛ぶ）とゴロ（ボールが下に飛ぶ）です．ゴロはどれだけ速くてもホームランにはなりませんが，フライは角度と速度がそろうとホームランなどの長打になります．そこで，パイレーツはゴロになりやすい球種を探し，ツーシーム（two-seam）・ファストボールと呼ばれる球種に白羽の矢が立ちました．ファストボールは「速球」のことです．

速球の投げ方は，人差し指と中指を伸ばしてボールを握って腕を振り，伸ばした指に沿ってボールに回転を与えます．この時ボールの上部は手前，下部が進行方向に回転するバックスピンがかかります．この回転と空気が作用することでボールは上向きの力（揚力）を受け，重力によって自由に落ちるよりも上向きの軌道を進みます．揚力の発生原理は飛行機の翼とよく似ています．飛行機の翼は回転しませんが，回転している物体と同じような空気の流れを作り出す形をしているのです．

野球ボールはつるつるした球体ではなく，縫い目（seam）がありま

す．この縫い目をどのように使うかによりボールの速度や動きが異なるのです．いわゆる「直球」はフォーシームと呼ばれ，この名前は直訳すると「4つの縫い目」です．この「4」はボールが1回転するときにバッターから見たボールの中心を4回縫い目が通る，という意味です．ツーシームはボールの握り方が異なり，縫い目が通る回数が2回です（**図1.4**）．

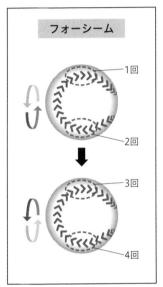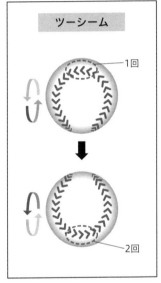

図1.4　フォーシームとツーシームの違い

　どちらも速球ですが，フォーシームの方が球速が速くボールの移動も小さく［16］，それに対してツーシームはフォーシームよりは若干遅くボールの移動量も多い［17］，特に下方向に落ちる量が多いという特徴があります．バットがボールの上部に当たるとボールは下に飛びゴロになります．下方向に落ちる量が多いツーシームはその目的に合致した球種

25

であることがわかったのです.

　パイレーツは効果的にツーシームを利用しゴロを打たせる. その先には
シフトを敷いた野手が守っている. これによりアウトを取れる確率を
上げたのです.

 ## 審判がストライクと言いたくなる？
　　　——フレーミング

　「ボールが飛んだ方向」は面倒ですが人間が見て集計可能な量でした.
これが「フォーシームとツーシームのボールが落ちる量」ともなると,
時速150キロ前後のボールの位置が数センチ違うかどうか, という微小
な世界に入ってきます. 機械の補助なくしては計測できません.

　しかし, これで驚いている場合ではありません. 観客が見ているだけ
ではほとんど見えない世界にも大きな鉱脈が眠っていたのです. **鉱脈の
場所はホームベース付近, キャッチャーミットと審判の間でした.**

　投手は打者から3つのストライクを奪うとその打者をアウトにできま
す.「ストライク（strike）」の元々の意味は「その球を打ちなさい」で
す. 最初期（19世紀中ごろ）の野球ではバッターがピッチャーに対して
投球のコースを指定することができました. バットを振ってボールに当
たらないこと（空振り）が3回あると打者がアウトになるルールはすで
にありましたが, 打者が打ちたくない球を見送ることが許可されていま
した. しかしそのルールでは試合が長引いてしまうため, 打てそうなコー
スの球を見送った場合に「その球を打ちなさい」と打者に対して審判
が宣告するようになりました（1858年）[18]. 打てそうなボールを見逃
すことと, バットを振ったがボールに当たらなかったことが同一視され
ることになります. その後1863年のルールで, 打者が打てそうもない球

に対して「ボール」が宣告されるようになります[19].

「打者が打つべきコース」，つまりストライクゾーンをどのように定義するのか？ですが，最初期のルールでは審判の判断に依存するものでした．公平な基準のために，1878年にホームベースプレートを使った定義が導入され，同時にバッターのコース指定も廃止されます[20].

こうしてストライクゾーンは，審判から見た左右（と前後）方向はどの打者に対しても一定となりました．ただし，上下方向は打者の体格に依存する定義が続きます（具体的には「……打者の肩の上部とユニフォームのズボンの上部との中間点に引いた水平のラインを上限とし，ひざ頭の下部のラインを下限とする……」[21]).

ここで，歴史とルールと神経科学が絡まり，審判がストライク／ボールを判定することにはあいまいさや属人的な偏りが生まれる余地があります．「歴史」はここで述べた経緯です．「ストライク」は「その球を打ちなさい」という意味を含んでいるので，そこに解釈の余地が生まれます．ルールとしては打者ごとにストライクゾーンの上下を事前に明確に計測するわけではなく，打者がこの体格ならばこのあたりが上限・下限だろう，という審判の判断に依存します．もちろん審判は統一的な基準と安定した判断のためのトレーニングを受けていますが，それでも全員の解釈を統一するのは簡単ではありません．最後に神経科学ですが，ストライクゾーンはルール通りに解釈すると三次元空間中に浮かんでいる，底面と上面を五角形とした五角柱です．しかし審判が見ている空間には境界線は引かれていません．ホームベースと打者から五角柱を想像し，その立体をボールが通過したかどうかを正しく判定することはできるのでしょうか？　何せ最速のボールは時速160キロを超えるのです．

PITCHf/xのデータはストライクゾーンに関する事実を明らかにしま

した．2011 年に出版された "Scorecasting" の中で以下が報告されています
［22］．

- 114 万球のストライク／ボール判定のうち，判定誤りは約 14.4%
- ストライクと判定される範囲はボールカウント（ボール数とストライク数の組み合わせ）ごとに異なる．ボール数が多いとストライクと判定される範囲は広くなる傾向にある
- ストライクと判定される領域は，（投手から見て）四角形よりも円や楕円に近い

高速移動する物体と空間中の明確に区切られていない領域との交差という判定は訓練された審判でも難しい，ということがわかりました．ボールがストライクゾーンを通過する時間は非常に短いので，その前後の情報で補完している可能性があります．特に捕手が捕球した後はボールが止まりますし，キャッチャーミットの動きの向きはボールの軌道よりも区別がつきやすいです．

軌道計測以前にも，キャッチャーの捕球の仕方でストライクと判定されやすくなるという実感は選手の中では共有されていたようです．一般的にはストライクゾーン外から緩やかに中に入りつつ，捕球後にキャッチャーミットがきちんと静止することが望ましいとされています．

軌道計測データはこの効果の具体的な量を明らかにしました．キャッチャーがきわどいコースをストライクと判定させる技術は選手ごとに差があり，1 シーズンで数十点もの差になっていたことがわかったのです．この技術は**フレーミング（framing）**と呼ばれるようになり，現在では定量化できる捕手の評価として定着しつつあります．

パイレーツ，その後

　パイレーツはフレーミングを重視した捕手起用も活用し，2013年に実に21年ぶりに勝ち越し（94勝68敗）とプレイオフ進出を成し遂げます．その後2014年と2015年も勝ち越しとプレイオフ進出を勝ち取りました．

　しかし，パイレーツが見つけた鉱脈は瞬く間に周知のものとなり，先行者としての利点は早々に失われます．パイレーツで活躍した選手や分析スタッフは好条件を提示されて他チームへ移籍し，2013年の時点では「お買い得」だった特徴を持つ選手はすぐに価格が上がってしまいます．2016年以降は低迷が続き（勝ち越しは2018年（82勝79敗）のみ），2021年と2022年は2年連続100敗以上を記録してしまいます．

　どうやらメジャーリーグは「データの分析もできる，資金力のあるチーム」が勝利する場に変わってしまったようです．まだどこかに隠れた金鉱脈は残っているのでしょうか？

1.5　物理計測以降の野球

指数関数的増加下での余剰

　コンピュータを構成している集積回路の分野では，60年近く前に以下の大胆な「予測」が発表されました．

> 　ひとつのチップに乗せられるトランジスタの数は2年で2倍になるだろう [23]

　「チップ」はコンピュータを構成する部品のことで，「トランジスタ」はその部品を構成する最小の単位，と思って差し支えありません．同じ機能を持つ部品であれば2年で半分の大きさにでき，同じ大きさであれば2倍の部品を詰め込むことができそうである，というにわかに信じ難い予測です．何せ，世の中に何十年もの期間倍々で増え続けるものなど誰も見たことがないからです．

　この「予測」を発表したのはコンピュータのCPU（中央処理装置）メーカーとして有名なインテル社の共同創業者，ゴードン・ムーアです．この「予測」は驚くべきことにその後数十年にわたり成り立っており，人類が初めて目撃した「何十年も指数関数的に増加し続けたもの」になりました．この予測は提唱者にちなんで「ムーアの法則」と呼ばれています．

　ムーアの法則は半導体部品加工の性質の観察から提唱されたものですが，コンピュータの購入者としての私たちから見ると「同じ値段，同じ大きさのコンピュータの性能が2年で2倍になる」ことを意味しています．8年では $2 \times 2 \times 2 \times 2 = 16$ 倍, 20年では $2^{10} = 1024$ 倍です．ちょっと待っているとよりよいパソコンが同じ価格で売られているのはこういうことです．

　すでに普及しきっているスマートフォンを例にとると，2022年発売のiPhone14と2014年発売のiPhone6では計算処理のスコア比は約2.6倍です [24]．それ以外のカメラ，ディスプレイの解像度，バッテリの利用時間，ストレージ容量などを公式サイト（https://www.apple.com/jp/iphone/compare/）で比較するとどの項目でも性能が改善されており（重量だけは重くなってしまっていますが），全体として10倍以上の性能向上があると言ってよさそうです．スマートフォンによる**豊富な計算資源**

が我々の日常生活に大きな変化をもたらしているのは，現代を生きる皆様であれば特に説明は不要でしょう．

　自撮り動画にリアルタイムにウサギの耳をつけて遊ぶことも，野球をはじめとしたスポーツにおけるデータ革命も，ムーアの法則に従って指数関数的に増加したコンピュータの計算能力の余剰を活用することで生まれた，と言うこともできます．もっとシビアで重要と見なされてきた分野——例えば軍事技術——から，余ったコンピュータ資源がスポーツという「遊び」に到達した時代が21世紀初頭なのです（トラックマンの創業者が技術的な相談を持ちかけた相手が弾道計測の技術者だったことはすでに紹介しました）．

　この20年ほどのコンピュータ関連の技術発展を紹介しようと思うとそれだけで膨大な項目数になってしまいます．スポーツデータの分析には，スプレッドシートソフトウェア，データベース，プログラミング言語と数値計算プログラム（ライブラリ），インターネットをはじめとした高速ネットワーク，大容量記憶装置，コンピュータグラフィクス，デジタルカメラ，センサの基礎技術である微小電子機械的システム（Micro Electro-Mechanical System, MEMS）などの技術などが関与しています．

　このようなコンピュータの技術のうち，本項目ではデータを扱う技術者と選手やコーチの間をつないだ重要な技術として**可視化（visualization）**を紹介します．データ分析の成功を伝えるどの書籍でも，野球選手が図を視覚的に理解する能力の高さと，それを活用した分析官とのコミュニケーションに言及しています．

　一つ例を作ってみます（私が勝手に作ったデータです．現実のデータではありません）．ある打者が外野に打ったフライの着地点（または捕球

された地点）が記録されているとします．生データは（63.1705 -0.4101），（68.4965 -0.1285），（66.6027 -0.1626），……のように，文字の羅列の形式で表されています．これでは意味がわかりません．野球のフィールドを描き，その上に着地点を描いてみます．各打球を一つの〇にしたものと，打球の頻度を色の濃さに対応させたものの2種類を作ってみます（図1.5）．これらの図では，この打者の打球が極端に右方向に偏っていることが直ちに理解できます．

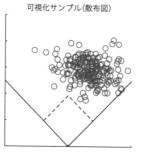
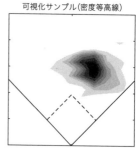

図1.5　可視化サンプル

　こういった直感に訴えかける形で選手に情報を伝え，遂行したい戦術を納得してもらうのかが，データ分析がスポーツで成功を収められるかどうかを左右するのです．

　こうした可視化のツールは以前は高価な商品でしたが，今では無料で利用できるものが公開されています（pythonやRというプログラミング言語が多いようです．私が好んで使っているのはMATLABです．使うためには多少のプログラミングの練習が必要ではありますが）．データ形式をそろえれば直ちに利用できるプログラムを公開している研究者や愛好家も増えています．MLBも公式にWebサイト上でさまざまな可視

化を楽しめるサイト［25］を公開しています（これらの高機能な可視化
がWebブラウザ上で楽しめるようになったのは，高速回線とコンピュー
タの高性能化の賜物です）．

このように，データ分析の環境はすさまじい勢いで改善されつつあり
ます．

「いったいどう練習すればいいのか？」

スコアブックを活用したセイバーメトリクスはどういった値が勝利に
貢献するのかを明らかにしました．ボールの物理計測も不均一な打球の
分布や投球軌道の真実を明らかにしました．選手たちはそれに対する適
応を余儀なくされましたが，**「いったいどうやって練習すれば勝利に貢献
する技術を獲得できるのか？」** が未解決のままでした．しかし，それも
計測機器の普及とともに解決されつつあります．

各球場に設置されたStatcastなどのデータ計測ツールを各チームが自
由に使えるようになると，選手は試合時の各プレイの良し悪しや，練習
時に何を改善するべきかを直ちに知ることができます．Statcastほどの
大規模なツールでなくとも，入手しやすくなったボールの軌道計測装置
を備えた練習場を作ることもできます．メジャーリーグにおけるデータ
計測と分析を描いたノンフィクション『アメリカン・ベースボール革命』
［14］はトレバー・バウアー投手がさまざまな計測装置を備えた私設の
トレーニングセンターで自分の投球を計測・分析しながら投球を磨く姿
からはじまります．

計測を「フィードバック（観測した値を次の行動の改善に活かすこと．
システム制御工学の用語でもあります）」した練習により新たに生まれ
た・確立した概念をいくつか紹介します．

▶ ピッチトンネル（pitch tunneling）

トップレベルの投手は通常いくつかの球種（曲がり方や落ち方が異なる球の投げ方）を持っています．一つの球種しかなくどのようにボールが動くのかが知られているとしたら，トップレベルの打者はボールが投手の手から離れた瞬間に軌道を予測し，ものの見事にはじき返してしまうでしょう．投手は打者の予測を外し，バットを振るタイミングをずらし，ボールの変なところにバットを当てさせるため，動き方や速度の異なる複数の球種を練習して身に着けるのです．

いくつかの球種を投げ分ける場合，変化量（上下や左右に動く量）や他の球種との速度差そのものは実はあまり重要ではありません．それらの値が大きいとしても，投手が投げた瞬間に打者に見破られてしまっては効果が半減するのです．投手の癖を見抜くのも打者の技術の一つです．

そこで投手はできるだけボールを手放す場所（リリースポイント）を一定にし，さらに複数の球種でできるだけ近い軌道で飛び出すようにします．最初は近くを通る複数の球種が，徐々に離れていきホームプレートを通るときには異なる場所を通るように投げるのです．すると，打者から見てボールの軌道が変化し始めたとわかるころにはボールは打者の近くまで飛んできており，そこから打者が球種を判断してバットを制御する時間の余裕がなくなります．人間の反射速度は生理学的な条件により上限があるからです．「打者が投球の軌道を予測してそこにバットを制御する」動作を，「打者が投球の軌道を予測しきれないので勘で球種を判断してバットを振る」ものに変えられるのです．どちらが投手に有利なのかは明らかです．

この時，複数の球種を飛ばす似たような軌道を「ピッチトンネル（pitch tunnel）」と呼びます．空中にリリースポイントを入り口とした

ボールが通る仮想的なトンネルが掘られていることを想像してください．トンネルを飛び出した後ボールの飛び出す方向が変わるのです．このトンネルが長ければ長いほど，打者はボールを見てからできることがなくなります．

ピッチトンネルについては，先ほど紹介したトレバー・バウアー投手自身が説明している動画［26］がわかりやすいです．

このような考え方自体は物理計測やセイバーメトリクス前にもありましたし，「球種を見極めにくい投手」としてその特徴もよく知られていました．物理計測が変えたことは，投手自身が（打者の視点を借りることなく）リリースポイントや異なる変化球の軌道を計測可能となったこと，さらにそのフィードバックを受けて自分自身の投球を改善する指針を得られるようになったことにあります．

▶ バレルゾーン（barrel zone）とフライボール革命（Flying-ball revolution, FBR）

パイレーツはフォーシームよりも下に落ちるツーシームをたくさん投げ，打者にゴロを打たせました．ゴロの方向は打者ごとに偏っており，あらかじめ守備の位置をそちらに調整することでアウトを増やしました．

このからくりがわかると，打者の戦略が変わってきます．良く落ちるボールがあるならば，バットをより下から上に振り上げるようにすればいいのでは？　そして，身も蓋もない発想にたどり着きます．**ボールが外野フェンスの外まで飛んでしまえば守備配置は関係ない**──

ボールの物理計測システムは，バットがボールにどのように当たると飛距離が伸びるのかを明らかにしました．それまでの研究［27］［28］［29］で提唱・検証されていた通り，「バットはボールの下から，中心を

少し下にずらして当て，適度なバックスピンをかける」ことで飛距離が伸びたのです．この時の最適なボールの打ち出しの角度は地面に対して25度から30度あたりで，射出速度が158[km/h]（99[mile/h]）を超えるとその打球がホームランになる頻度が非常に高くなることがわかりました．この打ち出し角度と速度の組み合わせはバレルゾーンと呼ばれています（正確な定義は角度と速度の組み合わせに対する打率と長打率に基づいています[30]）．

　最適な条件が明らかになり，計測システムも備わったことで打者も自分自身の打撃を改善する指針を高頻度で得られるようになりました．

　図1.6に1998年以降の総ホームラン数および1打席当たりのホームラン数を示します．

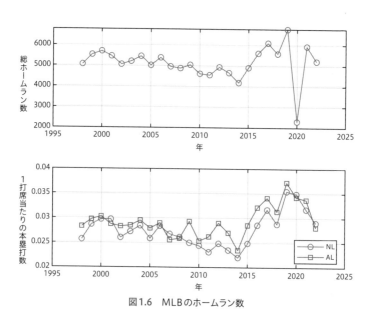

図1.6　MLBのホームラン数

スコアブックによるセイバーメトリクスの活用がはじまった1990年台後半からホームラン数は減少傾向で, 1打席当たりの本塁打数も同様に減少しています. 指名打者制を採用していない*ナショナルリーグ（NL）では投手が打席に立つため, 打席当たりの本塁打数がアメリカンリーグ（AL）よりも低い傾向です. これは投手および守備の戦略が効果を発揮し, より高い確率でアウトを取れていたことを示しています. しかし2015年以降, 本塁打数が増加傾向に転じます. 2019年には1試合平均2.79本（合計6776本）と, 過去最高のホームラン率（数）を記録しました. 前述の大きなフライを打ってホームランを増やす打者の戦略が実現していたのです（COVID-19の影響で試合数が少なかった2020年では総数は少ないですが, 打席当たりでは高い水準でした）. こうした変化は**フライボール革命**（Flying-ball revolution, FBR）と呼ばれることもあります.

1.6 野球は「解明」されたのだろうか？

ここまで見てきたように, 直近25年での計算機資源の余剰を背景とし, データからの野球の理解・発見は確実に進んでいます. 何が勝利に貢献するのか, どのような動作が得点に直結するのか, どのような身体的資質が必要なのか……について, 100年間明らかにならなかったことがその1/4の期間で明らかになりました.

＊ 2020年および2022年は指名打者制を採用

現役メジャーリーガーのダルビッシュ有投手は対談でこう発言しています.

> 「10年前, 15年前にそんなに変化球投げられなかった投手が, 今
> は投げられるようになってしまう. 僕は, そういう意味ではつま
> らないです. 答えが出ている状況. 問題集と一緒で答えがある.
> わからないで解いていくというのが昔で, 今は答えが横にあって,
> こういう感じで, じゃあ式をどうしていこうかっていうところの
> 話になっているので, あんまり面白くない」[31]

イチロー選手とダルビッシュ投手は13歳差. 現役であるダルビッシュ投手の方がより最新のデータに基づく野球に触れています. ダルビッシュ投手のこの発言もあわせて考えると, イチロー選手の引退会見での発言に対する私の解釈——**データ分析で選手は頭を使わなくなる**——はそう外れてはいなかったようです.

「頭を使うのが誰か」が変わったのです. 野球は長い間野球をプレイする選手のものであり, 当然頭を使って工夫するのは野球選手 (やコーチ) でした. しかし, 野球はあまりにも魅力的であり幾多の人々を虜にしました. その結果, 情熱を持って記録と分析をする才能が野球の周りに集まってきました. ムーアの法則が示す計算機の余剰や, ミサイルの軌道を追いかけていた計測装置を得た専門家たちは, 素晴らしく魅力的な「野球」を理解するための多様な視点と技術を野球界にもたらしました. 魅力的であるがゆえに, 野球は野球をプレイしない人々, 経済学者, 数学者, 電気工学者, コンピュータ科学者, ……にも開かれることになったのです.

　見方を変えると，人類は総力戦で野球というゲームの攻略法をかなり見つけてしまったわけです．しかもそれは個人の卓越した才能・伝承が不可能な芸術ではなく，再現可能で伝達可能な科学の言語，コピー可能なコンピュータ言語で記述されました．結果として野球に対する工夫の余地が野球選手から奪われてしまったのかもしれません．多くの野球選手がそれを望んでいたのかどうかとは関係なく．

　今から先の未来，野球が魅力的であり続けるかについて，筆者個人はあまり楽観的ではありません．同様の議論の先行者は，コンピュータ内にゲームの状況を完全に再現できるゲーム，例えばチェス，将棋や囲碁です．チェス，将棋，囲碁それぞれのコンピュータプログラム［32］［33］［34］が改善され，人類が勝てなくなった前後では，そのゲームの特徴が「人間のみ実行できる複雑で知的な営み」から，「他の機械で代替できる営み」へと変わってしまったと感じています．こうしたゲームはその攻略法の謎のベールがはがされた後，神秘的な魅力を発揮し続けるのは至難の業です．したがって，データに基づく攻略法が明らかになりつつある時代に，私が野球に対して少年期に感じていたのと同じような魅力を発揮し続けられるかどうか，については懐疑的なのです（もちろん，その攻略法を実現できる鍛錬と技術の素晴らしさは残り続けるのですが）．個人的な願望とは全く逆なので，この予測はでたらめであってほしいのですが．

第2章

サッカーのデータ分析
スポーツデータ分析の
フロンティア

パロマ瑞穂スタジアム [日本，名古屋] (2020年12月)

名古屋グランパス（サッカー，Jリーグ）のホームスタジアムであるだけではなく，
地元学生の各種大会が開かれるなど「瑞穂」の愛称で市民に親しまれている．
2026年アジア大会のメインスタジアムとなるべく2020年末から6年にわたる改
築工事期間である．写真は閉場直前の一般開放時に撮影．

　この世界におけるキング・オブ・スポーツはサッカーである——とい
う主張に反発を覚える方もいるかもしれませんが，この競技の圧倒的な
広がりと影響力を定量化すると非常に強い説得力を備えます．何せ，FIFA
ワールドカップ2018ロシア大会決勝をテレビなどで観戦した人数が11億
人以上と推定されているのですから [35].

2.1 データ分析に立ちはだかる サッカーの特徴

　ここまで人気があり影響力が大きいスポーツであるサッカー，その真理を解き明かすためにデータを活用しよう，という動きがあってもおかしくありません．しかし，その競技特性が挑戦を阻み続けてきました．

　野球のスコアブックに相当する記録がサッカーでは何か，と考えると，サッカーでは記録できるデータが多くないことがわかります．得点とイエローカード・レッドカードは必ず記録されます（試合や大会の進行に確実に必要なデータです）．フリーキックやコーナーキック，オフサイド，シュート数なども記録されるかもしれません（が，試合や大会の進行には必要ではありません）．しかし，それより詳細な何か（例えば，パスの回数や成功数など）を記録するためには何らかの技術的な補助が必要でしょう．そもそも野球が試合の各段階をいったん区切ることができる（そしてその間に記録員が記録を書く余裕がある）のに対し，サッカーの試合で攻守の切り替わりの時刻を記録することですら非常に難しい問題を含んでいます．そもそも，サッカーでは「どちらもボールを持っていない時間」が存在するのですから．

　映像で記録しようとしても，サッカーのフィールドは大きく（$105 \times 68 [\mathrm{m}^2]$），すべてをカバーして撮影するためにはそれなりの高さに複数のビデオカメラを設置する必要があります（この後言及する競技との比較を図2.1に示します）．ビデオ撮影がもしできたとしても，フィールド内を動くのは22人の選手とボール（と審判）です．動きを追いかけなくてはならない物体が非常に多く，1台のカメラで撮影できないとなると映

像間の対応付けなど，新たな技術が必要となります．

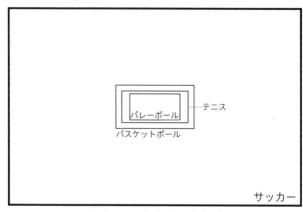

図 2.1　競技ごとの競技場の大きさ

　他競技を見てみましょう．バレーボールでは各プレイ（サービス／サービスレシーブ／パス／アタック／ブロック……）に関与した選手を記録できます．サービス時点のポジション（前衛か後衛か）でできることが制限されるため，その記録も状況を再現する助けとなります．サービスではじまり，得点で終わる一連の流れを単位とすると，やや野球に近いスコアブックを記録することができます．コートが狭い（$18 \times 9\,[\mathrm{m}^2]$）ので，1～2台のハンディカムで撮影が可能です．選手は 12 人と少なくはありませんが，各チームの選手は原則それぞれの自陣にいるなど，動きにある程度制限があるので，動画に対する意味付け（タグ付け，アノテーション）もサッカーと比べれば方針が立てやすい競技です．

　テニスもバレーボールと同様ネットスポーツであり，サービスで始まり得点で終わります．得点方法（サービスエース／エラーなど）やラリーの本数などが野球のスコアブックに対応するでしょうか．コートは大

きいほうのダブルスコートで$23.77 \times 10.97\,[\mathrm{m^2}]$ とバレーボールよりや
や大きいですが，選手が最大4名と少ないため動画の活用の可能性が高
いでしょう．問題は高速（最速で時速250kmを超える [36]）で移動す
るボールをどのように計測するか，です．

　バスケットボールでも各プレイ（フィールドゴール／ファウル／フリ
ースロー／ターンオーバー……）に関与した選手を記録できます．野球
同様，古くからBoxscoreの形式でデータが蓄積されており，近年のプ
ロレベルや国際大会ではプレイ単位（play-by-play）のデータまで公開
されるのが一般的です．play-by-playデータからはある時点でコート上
にいる10名の選手と，プレイがどのように終わりそれに誰が関与したか
を再現することができます．バレーボールよりはコートが大きいですが
（$28 \times 15\,[\mathrm{m^2}]$）サッカーよりは格段に小さく，かつ室内なのでビデオカ
メラ設置場所の問題が少ないです．選手10名が自由に動くためサッカー
に近い問題がありますが，コートの面積の小ささはサッカーよりも問題
をやや簡単にしているでしょう．

　このように，他競技と比べて「そもそも安定して計測できるデータが
乏しい」という特徴があるサッカーですが，それでも数学的な理解がな
かったわけではありません．

2.2 サッカーの得点と，馬に蹴られてしまった兵士

　理工系で数学をよく使う学科に進学すると，大抵2年生あたりに確率
の授業があります（筆者は電気系学科の出身です）．使う教科書（や教え

る先生の趣味）によってはこんな一節が登場します.

　　　「この分布に従う歴史的な事例としては, 1875年から1894年に
　　　かけての20年間のプロイセン陸軍で馬に蹴られて死亡した兵士数
　　　がある」[37]

　なかなかに衝撃的な一節です. この分布は**ポアソン分布**と呼ばれるもの
で, 一般的には「起こる確率が低い出来事が, 一定時間内に起こる回
数の分布」と説明されます. 馬に蹴られてしまう事故は確率が低いので,
それが起きる回数はポアソン分布に従う, というわけです（余談：ポア
ソンはこの分布を提唱した人物の名前なのですが, 馬に蹴られた兵士の
数を題材とした数学書を出版したのは別人です [38]）.
　ポアソン分布の例を作ってみましょう. コンピュータ上でプログラム
を作成します. 1分ごとにある出来事（事象）が起こる確率を0.0144（意
味は後で説明します）とし, 90分時間が経過するのを一つのまとまりと
します（「90分」で何か気づかれたでしょうか？）. 1分ごとに乱数を発
生させて出来事が起こるかどうかを判定し, 90回繰り返します. そのま
とまりを50回コンピュータ上で実行したのが図2.2です.

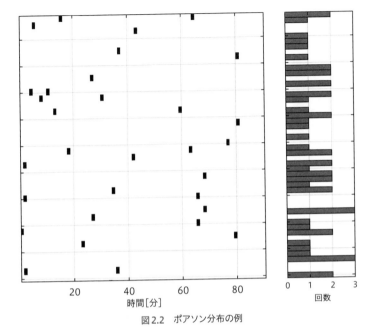

時間[分]

回数

図2.2　ポアソン分布の例

　左右それぞれの縦軸は実行回数です．横軸は，左図が時間，右図が起きた回数です．左図の黒色の時刻でその出来事が起きました．起きた回数は0回から3回で，それぞれの頻度は17, 18, 13, 2回でした．割合にすると0.34, 0.36, 0.26, 0.04です．

　ここでは1分を90回としましたが, 10秒を540回, 1秒を5400回, ……のように短くしていく作業を行います．こういった作業は数式の方が得意です．こうして次の式ができ上がります（数式に慣れていない方は「何か書いてあるな」と読み飛ばしても大丈夫です．文章や図で説明や結論は示しています）．

$$p(k) = \frac{e^{-1.30} \cdot 1.30^k}{k!} \, , k = 0, 1, 2, \cdots \tag{2.1}$$

ここで, 1.30 は 0.0144 × 90 を四捨五入した値, e はネイピア数と呼ばれる $e \simeq 2.7183\cdots$, $k!$ は「k の階乗」といい, $k! = 1 \times 2 \times \cdots \times (k-1) \times k$ です.

もったいぶりましたが, この 1.30 という値は, サッカー J1 リーグ, 2018 年から 2022 年までの 5 シーズンでの平均ゴール数(1 チーム, 1 試合当たり)です. 図 2.3 に, 式 2.1 と実際の回数を図示します. 0 点と 2 点で若干のずれがありますが, おおむねよく一致しています. サッカーの得点は, 不幸にも馬に蹴られた兵士の事故の件数のように, ごくまれに起こる出来事の回数として数学的に扱うことができそうなのです.

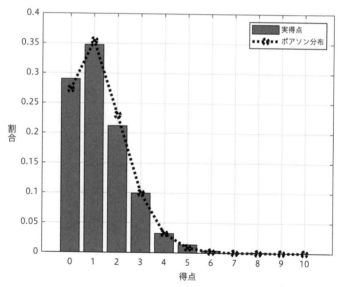

図 2.3　実得点数とポアソン分布(J1 リーグ, 2018 年から 2022 年)

▶ 平均得失点からの予測

平均得点から得点の確率分布がわかると，「平均得点が1.6点，平均失点が1.2点のチームが，残り10試合同じ得失点をキープできるとして勝点をどれだけ増やせそうか？」という質問にも具体的な数字を伴って答えることができます．これもコンピュータで計算してみましょう．

まず，得点と失点は無関係（確率の用語でいうと「独立」）と仮定します．リードしているチームは守備的になるから失点が減るのでは？と考えたくなりますし，実際そうかもしれませんがそれでは計算ができなくなるためひとまずこの仮定を置いてしまいます．現実がずいぶんずれていたら間違っているので，その時に考えましょう．

それでは，式2.1の"1.30"を1.6や1.2と置き換えて，$k = 0,\ 1,\ \cdots$（10くらいまで）に対して$p(k)$を計算します．得点と失点それぞれについて計算しましょう．この計算結果から，例えば「1得点0失点の確率」が次式で計算できます．

$$
\begin{aligned}
(1\,\text{得点}\,0\,\text{失点の確率}) &= (1\,\text{得点の確率}) \times (0\,\text{失点の確率}) \\
&= \frac{e^{-1.6} \cdot 1.6^1}{1!} \times \frac{e^{-1.2} \cdot 1.2^0}{0!} = 0.3230 \cdot 0.3012 = 0.0973
\end{aligned} \tag{2.2}
$$

同様に，10得点くらいまでのすべての組み合わせに対して計算します．図にすると図2.4になります（4点までを図示しています）．

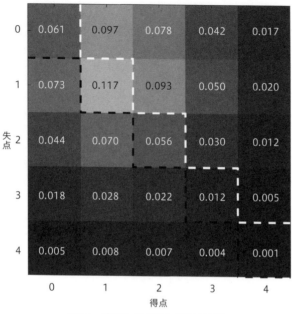

図2.4　ポアソン分布に基づく得点予測

　　白い破線の右上は得点が失点よりも多い，つまりチームが勝利する確率です．同様に黒破線の左下は敗北の確率，間は引き分けの確率です．したがって，勝利，引き分け，敗北の確率はそれぞれ約47%，25%，28%と予測されます．

　　サッカーのリーグ戦では「勝点」を競います．勝点は勝利で3点，引き分けで両チーム1点，敗北は0点です．試合の勝敗がそれぞれ無関係（独立）だとすると，2試合で合計勝点1を得る組み合わせは（分，負）と（負，分）で，確率は $0.28 \times 0.25 + 0.25 \times 0.28 = 0.14$ です．同様の計算を10試合分行うと，図2.5が得られます．

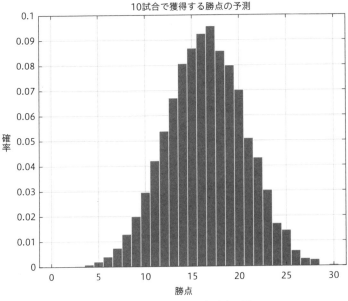

図2.5　ポアソン分布に基づく勝点予測

　最も起こりうる勝点は17ですが, 10から24くらいまでは十分にあり得る, という予測です.

　ポアソン分布に基づく試合予測は古典的な成果ですが, これは今でもサッカーの試合予測の重要な技術の一つです. これについては第5章（205ページ以降）でも改めて触れます.

サッカーにも物理計測の波が
——トラッキングデータ

　野球でボールや選手の軌道を測定できるのであれば，当然その技術はサッカーにも導入され始めます．レーダーやカメラ画像など，その時点での技術水準で最適な計測機器を選択し，広いサッカーのピッチをくまなく計測します．選手数が多く自由に動くため，しばしば軌道の計測に失敗してしまう（選手が近くを交差したときにどちらがどちらの選手かの判定を誤る，など）という課題には，人間が計測データの修正を補助する方式が一般的です．ドイツのトップリーグであるブンデスリーガはYouTubeにデータ計測システムの構成を解説する動画を公開しています（10年近く前の動画なので，現在は構成が異なっているかもしれません）[39]．日本のJリーグのデータ計測はデータスタジアム株式会社[40] が行っており，集計・算出されたさまざまな指標がFootball LABというWebサイト [41] で公開されています．データ計測や指標算出の企業はリーグや大会ごとに異なるようです．その他サッカーデータ関連の有名企業としてOptaやStatsBombなどがあります．

　これらの企業は計測システム，計測済みのデータや選手の評価指標などを各国リーグやチームに販売することで利益を得ています．そういった企業は「お試し」のために無料で一部のデータを公開しています．大規模なものの一つに，Wyscout社 [42] が提供したオープンデータ（無料で誰にでも公開されているデータ）[43] があります．その内容の説明はこちらも無料の論文 [44] として公開されています．データが含むのはいわゆるヨーロッパ5大リーグ（イングランド，スペイン，ドイツ，イ

タリア，フランス）の2017／2018シーズン全試合の，主に選手がボールに触れた位置と時刻のデータです．

2.4 計測データ蓄積の成果
——ゴール期待値

この無料データを使うと，ここ数年サッカー中継などでよく見かけるある指標の簡易版を（皆さん自身でも）求めることができます．

その指標は**ゴール期待値（expected goals, xG）**と呼ばれているものです．意味は**「そのシュートが成功する確率はどのくらいか」**です．サッカーのシュートは当然位置ごとに難しさが異なります．近い・正面からのシュートは決まりやすく，遠い・ゴール横方向からのシュートは決まりにくいです．これはその位置から的であるゴールがどのように見えるかという幾何学的な関係から決まるものです．

そして，実際の試合ではシュートを打つ選手の周りに他の選手がいます．シュートを打つ選手とゴールの間に（ゴールキーパーを含めた）守備選手の数が少なければシュートはゴールになりやすいでしょう．シュートを打つ体の部位が頭か足かでも成功率は異なるはずです．こういった，シュートを打つ瞬間のゴールの位置，その状況での他の選手の配置などを数値化し，そのシュートの成功・失敗と対応付けたデータベースを作ります．

そして，状況（位置，角度，選手配置，……）の数値と成否の数値（成功を1，失敗を0）の間の関係を最も適切に表す数式を見つけ出します．統計学では回帰分析と呼ばれている手法の一種です．状況には選手が誰

だったかを含め**ない**ことが多いので，ゴール期待値は「そのリーグで似た状況で打たれたシュートの平均成功確率」と説明され，個人ごとのゴール期待値とゴールとの差にはその個人の実力（と運）が含まれると解釈されることが多いです．

　着想自体は古くからありましたが，それを算出するための計測されたデータや，十分なコンピュータ能力が足りなかったため，実際に計算され始めたのはここ 10〜5 年程度です．

　さて，先ほどのオープンデータに戻ります．このデータにはシュートが打たれた位置，体の部位と成否が 4 万本以上記録されています．体の部位を考慮せず，位置のみを考慮してゴール期待値を計算してみたものが図 2.6 です．約 4 万のシュートの成功率はおよそ 10%．したがって，ゴール期待値 0.1 の位置がうまく攻め込めているかどうかの基準となります．図ではペナルティエリア（ゴールから遠いほうの大きな四角）内，ゴールエリア（ゴールに近いほうの小さな四角）幅の範囲です．ペナルティエリア外，斜め方向からのシュートはかなり成功させることが難しいようです．したがって，サッカーの戦略の一つの方針は，いかにこのゴール期待値の大きい範囲にボールを運びゴールに向かってシュートを打つか，ということになります．ただし，ゴール正面は守備選手が多く，かといってサイドライン間際からゴール前の選手に向けてボールを蹴っても，遠いうえに守備の選手が対応できる時間を与えてしまうためにこれも簡単ではありません．そこで近年の攻撃方法のトレンドの一つは，ゴール前とサイドラインの中間辺りからペナルティエリアへの侵入を試みる方法です．

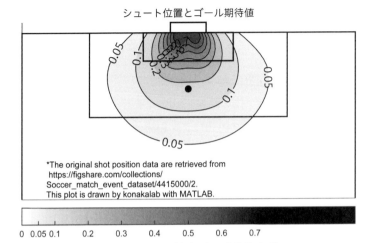

図2.6　位置のみに基づくゴール期待値（xG）

　そしてこの値は観戦しているときに「あれは決めてほしい大きなチャンスだったのに……」と思うような場面でも，その成功率が果たしてどの程度だったのか？ということの指針にもなりそうです．成功率の平均が10％ですから，その2倍以上あれば大きなチャンスですが，それであっても成功率は20％程度です．もしかして，あなたが「応援しているチームはビッグチャンスを逃しすぎている！」と思っている場合，もしかしたら成功確率（シュートを決めることの難しさ）の見積もりと現実に差があるのかもしれません．

　ここで紹介した（自作の）ゴール期待値はシュートの位置のみを含むもので，他の要素は平均として混ざって区別できません．データ分析会社が提供しているゴール期待値は，ゴールキーパーの位置，守備・攻撃それぞれの選手の位置，ボールに触れた部位（足／頭／その他），セットプレーかどうか，……の情報を含んでいたり含んでいなかったりするよう

です．参照する際は，会社ごとに内容が微妙に異なることを頭に入れておいた方が良いでしょう．

⚽ データが判断に与える影響

　こうしたシュートデータの蓄積はシュートをどこで打つべきかの判断に影響を与えているようです．図2.7に1966年以降のワールドカップでの，全シュートに対するペナルティエリア内の本数の割合を示します（[45]に基づき著者作成）．この割合は長年45%前後で推移してきましたが，2014年以降上昇傾向にあり，2022年のカタール大会では60%を超えています．

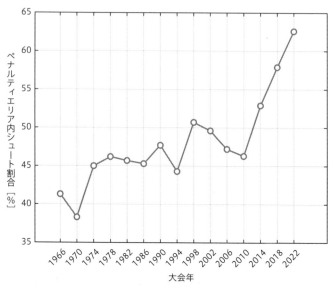

図2.7　ペナルティエリア内のシュート割合 [45]

より詳細な分析も公開されています[46]. ボール保持回数に対するシュート本数の割合は下がっていますが,1本あたりのゴール期待値は上昇傾向です. 特に, ゴール期待値が0.2を超えるシュートの割合は,2010年までは3%前後であったのに対し,2014年には12%を超えるなど異常な急上昇を見せます. ゴール期待値0.2は位置のみのモデル（**図2.6**）ではゴールの幅より少し広く, 前後はペナルティマークまでの範囲です. シュート位置からゴールまでの距離の平均は短くなる傾向にあり, このことは直近10年間のイングランド・プレミアリーグのシュートでも同様であることが報告されています[47].

これらをまとめると, ここ10年間くらいのサッカーでは成功率の高いシュートが打てるようになるまで攻撃を何度もやり直すことが増え, 成功率が低くゴールから遠い（ペナルティエリアから遠い）ミドルシュートやロングシュートは選ばれにくくなっているようです. 以前はミドルシュートでも打てば跳ね返りなど何かが起こるかもしれないし, 外れてもシュートで終わり守備の陣形を整えられて良い, という主張もありました. こういった主張が実際に得点にどの程度影響あるのかが長い間わかっていなかったのですが, データの蓄積がその解明に大きな影響を与えているようです.

⚽ ゴール期待値に基づく試合評価

1本ごとのゴール期待値がわかると, それらが独立（お互いの成否に関係がない）と仮定できればお互いのチームの得点の確率分布を計算でき, その試合についてシュートの質（位置や状況）の観点からどちらが優勢であったのか？を分析することができます. これまでの分析ではシュート本数や枠内シュート数（ゴールに向かって飛んだシュートの本数）

を利用していましたが，ゴール期待値はそれぞれの「質」を定量化することに成功しました．実際の得点と期待値を組み合わせることで，「質の高いシュートを多く打ったが得点できなかった」「難しいシュートを決めて少ないチャンスで勝ち切った」などの評価が可能になります．

　先ほどの無料データには2018年に開催されたワールドカップロシア大会も含まれていました．決勝トーナメント1回戦，ベルギー対日本のデータを図示します（図2.8）．図中の〇の中心がシュート位置，大きさがゴール期待値（上記の自作のもの），灰色で塗りつぶされている〇が得点となったシュートになっています．日本の2点は難易度が高い遠いシュート，ベルギーの3点のうち2点はゴール正面の成功確率の高いシュートです．決まっていないシュートにもゴールに非常に近いものが何本かあります．

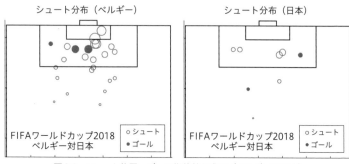

図2.8　シュート位置，ゴール期待値と成否（ベルギー対日本）

　シュート時刻とそれまでのゴール期待値の合計を試合の経過とともに示したものが図2.9です．この図から，日本は前半の時点ですでにゴール期待値の累積が1点近いシュートを打たれており，最終的にはゴール

期待値の累積が3点程度のシュートを打たれていました．3失点はこれだけシュートを打たれた展開の平均に近いと言えます．それに対し日本の2得点は非常に難易度が高くゴール期待値が小さいもので，攻撃で得たゴール期待値はわずか0.6点程度でした．

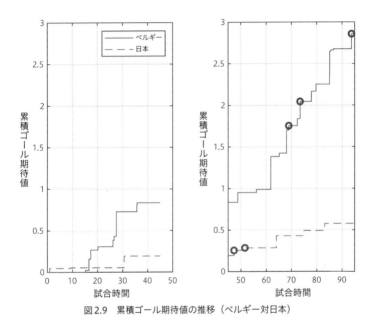

図2.9　累積ゴール期待値の推移（ベルギー対日本）

　それぞれのゴールの成否が独立だと仮定し，両チームの得点の組み合わせそれぞれに対する確率を計算してみます（図2.10．元データの形式に基づき，ベルギーから見た値です）．すでに図2.4（50ページ）で紹介した方法です．シュートの質と量の観点から，日本が90分で勝利できた可能性は4%程度．延長戦に入る可能性も10%程度という評価でした．

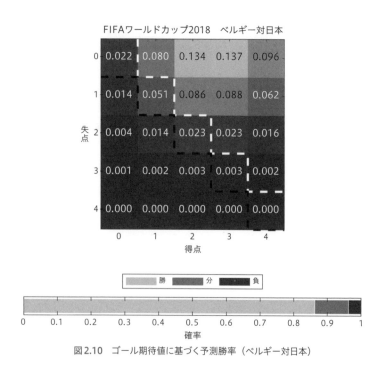

図2.10　ゴール期待値に基づく予測勝率（ベルギー対日本）

　　したがって，これらゴール期待値を含むデータに基づくと，「日本は難易度の高いシュートで2点先行することに成功したものの，その後ベルギーの攻勢を止められずゴールに近い位置で多くのシュートを打たれた．何本かのビッグセーブやあちらのシュートミスなどもあり試合終盤まで何とか2対2の引き分けに留めるが，後半ロスタイムに失点．ただし，打たれたシュートの質と量は3点相当であり，失点に特別な不運があったとは考えづらい」といった試合短評を書くことができそうです．

選手の位置やプレイ単位の評価を目指して

　全選手やボールの位置を常に計測できる技術が導入されたことで、選手が立っている位置（ポジショニング）やそれぞれのプレイ（ドリブル、パス、シュートなど）の良さを定量的に評価する準備が整いました。

　ポジショニングの評価基準はいくつかありますが、そのうちの一つはボールを持ったときに時間の余裕があること、つまり相手選手との距離が離れていることです。守備選手に近くにくっつかれている場合はパスを受けること自体が難しく、もしパスを受けても守備選手の足がすぐに絡んできます。

　選手は速度や体の向きが異なるので、時間と距離は厳密には対応しませんが、ひとまず「ある選手から一番近い空間」をその選手の**「支配領域」**と呼びましょう。選手がどの方向にも同じ速度であれば、距離と時間は完全に比例します。この単純化した仮定の下、仮想的な選手配置でそれぞれの支配領域を図示したものが**図2.11**です。

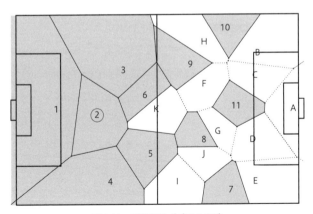

図2.11　支配領域（ボロノイ図）

　左から右に攻めているチームの2番の選手がボールを持っているとします．各選手から最も近い空間が区切られており，同じチームに色が塗ってあります．色が塗ってあるところに突然ボールが落ちてきたとき，その区切られた領域の中にいる選手が一番近く最初にボールに触ることができるため，その領域を「支配」している，というわけです．2番の選手のパスの先として3番,4番，および5番はとても安全そうです．6番，9番は守備選手（K）が近いのでややリスクがありそうですが,9番までまっすぐ自チームの支配領域内ですので，パスはうまくいけば通りそうです．

　この図ですが，実は小学校で勉強する算数の範囲で描くことができます．「2点から同じ距離にある点の集まりは,2点の線分の垂直二等分線である」という作図を，定規とコンパスでやった覚えはないでしょうか？手作業だと面倒ですが,1番と2番,1番と3番，……のように組み合わせを変えて作図し続けるとこの図ができ上がります．手作業は面倒くささで非現実的ですので，コンピュータに計算と描画をさせるのが快適ですね．こうした図は**ボロノイ図（Voronoi diagram）**と呼ばれ，幾何学の分野で古くから知られているものです（定式化されていないものの，同様の概念はデカルトの1644年の著作までさかのぼれます [48]．定式化によりその名前が冠されるようになったボロノイは19世紀末から20世紀初頭の人物です [49]）．

　余談ですが，小学校の算数で教えている，という点に着目した川崎フロンターレがボロノイ図を題材に組み込んだ小学生向けのサッカーワークショップを実施しました．レポートを読むと教材もなかなか本格的です [50]．

　ボロノイ図のように，フィールドの空間を選手からの距離や到達可能

な時間に基づいて分割するアイデアは遅くとも2000年ごろまでには発表されています [51]. 選手のどの要素（姿勢，速度，加速度など）をどのように仮定し計算するかにより，さまざまな支配領域が算出されます [52].

　非常に単純化した仮定の下で，ある時点での選手の速度を考慮した領域分割を計算してみました（**図2.12**）. この例では4名の選手（丸と四角はそれぞれ同じチーム）が白矢印の方向の速度で動いている瞬間から，それぞれの位置へ到達するまでの最短時間の差を計算しています. 加速度と速度の最大値を設定し，一定の加速度で同じ方向に加速し続ける状況を仮定しています. 背景の色が時間差を示しており，白いところが両者同じタイミングで到達できる場所です. また，黒破線の数値は丸印選手が四角印選手よりもどれだけ早くその地点に到達できるかを示しています. 四角印チームが守備のディフェンダー（下）とゴールキーパー（上）とすると，この状況は丸印選手がディフェンダーの背後からゴールキーパーの前の空間に突進しており，その結果ボールが来ればキーパーよりも速く触れる空間ができ上がっていることがわかります. ただし，この例では選手間の協調などは考慮されていません.

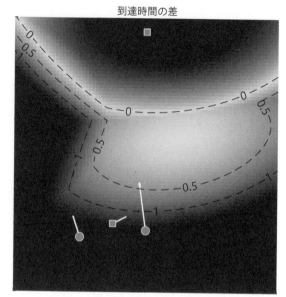

図2.12　速度と加速度を考慮した到達時間の差

　世界を代表する強豪サッカークラブのリヴァプールFCはデータ活用の分野でも世界のトップを走っています．リヴァプールFCのデータアナリストのスピアマン氏は前述の支配領域に加え，その先に起こりうるボールの速度や軌道の予測も考慮した概念として "Dynamic Pitch Control" を提唱しています [53] [54]．"Pitch Control" の定義は「ボールがその場所にあったと仮定して，プレイヤーがボールを確保できる確率」，"Dynamic Pitch Control" の定義は「ボールが現在の場所からある速度で移動してきたときのPitch Control」です．このような均一でない加速度や速度の条件を含む場合，平面の分割の境界線は（単純なボロノイ図とは異なり）複雑な曲線となります．アイデア自体は古くから

ありましたが，これもコンピュータの計算力の余剰により私たちが我慢できる時間とコンピュータの価格で実現できるようになった概念です．

プレイの系列をさかのぼるのはどうでしょうか．ゴールの一歩手前のシュートの質を測る指標としてゴール期待値（xG）を紹介しました．ではその一つ手前，シュートを打つ選手へのパス，つまりアシストも同様に大量に数を集めて評価できないでしょうか？ そういった意図で考案されたのが**アシスト期待値（expected Assists, xA）**です［55］．xA は「あるパスがゴールへのアシストとなる確率」と定義されます．評価のための情報としてパスの種類，セットプレーかどうか，パスの始点，終点とその間の距離などを含むと定義されています．xG は得点の一歩手前を評価できるようになりましたが，それでも得点同様ストライカーの貢献を定量化するものでした．xA に拡張することは，一列後ろのパスの名手の定量化を試みる営みです．

2.5 AI（人工知能）と サッカー分析の近未来

近年のサッカー戦術を象徴する単語として，**「ポジショナルプレー」**（**positional play**）があります．詳細な解説は専門記事にお任せしますが，簡潔にまとめると「選手がポジション（立っている場所）の良さを確保しながら試合を進めること」となるようです［56］［57］［58］．

この概念が興味深いのは，チェスでも同じ名称で呼ばれる同様の概念があることです［59］［60］．チェスは2名の選手がそれぞれ動きが異なる複数の駒から構成されるチームを持ち，駒を動かしながら相手のキン

グを取ることを目的とします．サッカーも動きの特徴が異なる（1 名は動ける範囲も使える体の部位も異なる）選手 11 名で 1 チームが構成され，ボールを相手のゴールに入れることを目的とします．

その際，どちらの競技でも共通して重要なのが**「駒（選手）が空間をどのように支配し活用できるか？」**です．チェスは 8 × 8 のマスに区切られた空間を駒が移動します．盤面を端から端まで動ける駒が多く（ビショップ：斜め 4 方向，ルーク：前後左右 4 方向，クイーン：前後左右斜め 8 方向），これらの駒をどのように動かして相手を攻め込ませないようにするか，が戦略の一つの分かれ目となります．相手のキングを取ることが最終目標ですが，その手前の目標として空間をいかに支配し，相手の動きを制限してこちらの動きを有利にするか，があるのです．こういった駒の位置に基づく優位性を「位置的優位性（positional advantage）」と呼び，それを確保しながらゲームを進めていくスタイルを「ポジショナルプレー」「ポジショナルチェス」と呼びます．

サッカーにおける「支配領域」の考え方はすでに 62 ページで紹介しました．ボールを持っていない選手が良い位置に立ち支配領域を確保しながら，ドリブルやパスなどでボールを移動させてゴールに近づくことが，大きな目標である「ボールをゴールに入れる（＝運ぶ）こと」につながります．

チェスとサッカーが大きく異なる点は，空間と行動の定義です．チェスの空間はマスで区切られていますがサッカーの空間は区切られていないつながったものです．また，チェスにおける各駒が取りうる行動は限定されていて，それを記録すると後で完全に再現することができます．それに対してサッカーにおける各選手の行動は，「パス」「ドリブル」などの名前をつけることはできるかもしれませんが，その物理的な内容は

多岐にわたります．さらに，同じ選手が全く同じ行動を再現できる保証はありません．

チェスは将棋や囲碁と並んで「知的ゲーム」に分類される代表的なゲームです．マスで空間が区切られ，駒の移動に身体的な技術を要しないため，純粋に知能で競うゲームと考えられてきました．人類以外にチェスを理解し実践できる生物はいないので，これらのゲームは人類の知性の象徴とも考えられてきました（「将棋ができる」＝「頭がいい」という印象，お持ちでないですか？）．

やがてコンピュータを手にした人類は，「知性を計算で表現する」プロジェクトに着手します．この過程で考案されたさまざまな「知的な」コンピュータプログラムやその基本となる手順（アルゴリズム）には「**人工知能（artificial intelligence, AI）**」の名称が授けられました．

AIのポピュラーな研究対象にチェスも含まれていました．実用的なコンピュータの誕生を1970年代ごろと仮定すると（異論がありそうですが），「チェスで人間に勝つ機械（ソフトウェア）を作ることができるか？」という質問に対しては約30年（1990年代後半）で「できる」という解決を見ます [32]．さらにその後の20年間で，将棋や囲碁といった，より複雑と思われていた知的ゲームでも，人類はよく訓練されたコンピュータには勝てない，という結論が出ました．

知性の象徴，と見なされていた知的ゲームで人類はコンピュータに屈服しました．このことはAIが人間以上に知的であることを意味するのでしょうか？　そうだ，という見解もあるかもしれませんが，私は明確に「そうではない」と主張します．これらの知的ゲームは複雑に見えて実はコンピュータが取り組むのに有利な特徴を持ち合わせているので，たまたまコンピュータ史の早い時期で攻略されてしまったのです．

　前述の,「状態がマス目で表される」「取りうる行動が事前に決まって
おり, 記録から完全に再現することもできる」というチェスの特徴は,
実はコンピュータ上で表現するのに非常に適していました. ただし, 初
期のコンピュータでは, 盤上の駒の配置に対してどの駒を動かすべきか,
そもそも盤上の駒の配置からどちらが勝ちに近いのか, などを探したり
計算することができませんでした. 手法もさることながら, それを人間
が生きている時間の単位で計算しきれる性能がなかったのです.

　こうした, コンピュータ内で完全に再現できるゲームのAI技術の発展
には, 大まかに以下の2つの発想や技術が貢献しています [61] [62].

- 自分自身との大量の対戦によるデータの取得
- ある盤上の駒の配置の評価（予測される勝率）を記憶するニューラ
  ルネットワーク

　「ニューラルネットワーク」は「複雑な対応関係（ここでは駒の配置と
勝率）を大量に覚えておける, かつ素早く思い出せるしくみ」と思って
ください. しかも, ただ思い出せるだけではなく, これまでに見たこと
ない駒の配置でもそれらしい値を予想してくれる優れモノです.

　囲碁で世界チャンピオンに勝ったAIは“AlphaGo”と名付けられてい
ました. プロの解説者が「なぜAlphaGoの奇妙な打ち手が勝利につな
がったのか, 理解できない」と発言していた [63] ことから, **実はこれ
まで人類が囲碁の定石として理解していたものが, 勝利につながる正し
い方法ではなかった**, という非常に残酷な事実が明らかになってしまい
ました. 野球において監督, コーチやスカウトが勝利のための方針を部
分的にしか理解できていなかったことと通じます.

AlphaGoが成し遂げたことは囲碁で勝利しただけではなく,「コンピュータ内で状態と行動を完全に再現でき,かつ勝利のための条件が明確であるゲーム」を攻略するAIの開発が原則可能であると示したことです.

　こうしたAIのアイデアは当然スポーツ分析にも流入します.サッカーでは選手の位置データが計測可能になったことから,「ある時刻の選手の配置の価値」を定量化する試みがはじまりました.ただ,実際の試合データしか使えませんので,前述の「大量の対戦」は利用できません.

　そういった成果として,Expected Possession Value(EPV)[64]やValuing Actions by Estimating Probabilities(VAEP)[65]などが提唱されています.これらの手法では,特定の瞬間の選手配置・ボールの位置の計測値や,過去の数プレイの位置と種類の履歴などを予測得点確率に変換することを試みています.この予測得点確率に基づき,各選手が選んだプレイが予測得点確率を向上させたのかどうかを算出します.xAはシュートの一つ手前までの定量化の方法でしたが,それをすべてのプレイに適用しようという試みです.

　「コンピュータ内にサッカーの環境を再現すればAlphaGoと同じ手法が使えるのでは?」とGoogleの研究者が思ったのかどうかはわかりませんが,Googleはイングランドのトップフットボールクラブのマンチェスター・シティFCと共同で,ある競技会を主催しました.競技会と言ってもサッカーをプレイするのではなく,「コンピュータ上で再現されたサッカーシミュレータ内で動くサッカー選手のAIを作成する」という,AI研究者向けのものです[66].シミュレータ内では選手やボールが従う物理条件が再現され,参加者は各選手がどういった状況でどういった行動を選択するのか,という規則を構築します.

　コンピュータプログラムですから，コンピュータの利用料金と電気代を支払うことができれば AI 間の対戦を繰り返せます．シミュレータ内の物理法則や選手ができることが現実に近いのであれば，もしかしたら野球や囲碁のように人類がわかっていなかった斬新な戦術や選手評価が発見されるかもしれません．

　チェスや囲碁で成功した AI や，コンピュータ内で戦略を見つけるサッカーシミュレーションなどに共通するアイデアの根底には，ゴールを価値と見なし，一つずつ手前の状況と行動それぞれにちょっとだけ割り引いた価値を与え，さらにその一つ手前の状況と行動にもうちょっとだけ割り引いた価値を与え，……と続けていくことで，さまざまな状況そのものの価値を定量化するアイデアがあります．このアイデアは「**強化学習 (reinforcement learning)**」と呼ばれ，AI 研究の一つの柱となっているものです．その起源をどこまでたどるかはさまざまな主張がありますが，Q 学習と呼ばれる手法が提案された 1990 年前後 [67][68] が一つの区切りでしょう．発想そのものは素朴で極端に難しいところは少ないのですが，当時のコンピュータでは扱える状態と行動の組み合わせが非常に少なく，人間が手作業で解ける問題を何時間も何日もかけて出力し，「あぁ，やっぱりこの方法は間違ってはいないのだ」と確認される程度でした．スポーツの最適な戦略をコンピュータ内で生成しよう，というアイデアは当時の研究者の頭に上っていたはずですが，それを実現できる道具がそろっていなかった時代です．

　「当時の研究者の頭に上がっていた」ことを断言できる事例が一つあります．それは**私自身**です．特に記録も残っていない，大学の研究室内での発言ではありますが，以下の趣旨のアイデアを開陳した記憶があります．

サッカーとラグビーは基本のルール（例えば，オフサイドの概念）が違うので異なった戦略が生み出されている．このように，ルールの条件を組み込んで評価を繰り返すことで現実と近かったり，最適な戦略が生み出されないか？

　同時代の問題意識というのはやはり共有されるようです．ひょっとしたら少し勉強した後（Q学習の解説を読んだかも）だったのかもしれません．ただ，当時の自分はこのアイデアの何をどうすればどうなるのかが全くわからないレベルで，1年くらい頑張った後，異なる研究テーマに移ることになりました（結果としてこの新しいテーマで博士号を取得することができました）．今でも自分では何をどうしたらサッカーの真理に近づけるのかはわからないのですが，続々と発表される論文を眺めていると，そのきっかけをつかみ始めている人が世の中に何人もいそうな気がしています．

　サッカーの理想的な戦略を AI から学ぶ日が，近い将来なのか遠い将来なのか．その日はいつなのでしょうか．

第 **3** 章

3ポイントシュートの革命
ルールが誘導する動作

マディソンスクエアガーデン［ニューヨーク，アメリカ］（2013年3月）

"The Garden"と呼ばれるほどの有名アリーナ．「マディソン・スクエア」は最初の建設地にちなむ．バスケットボール・NBAのニューヨーク・ニックスの本拠地である（写真はニックス戦）他，NHL（アイスホッケー），ボクシング，コンサート会場として併設のシアターとともに年間400以上のイベントが開催されている．

　1990 年ごろ，NHK の衛星放送で夢中になっていたのが NBA（北米プロバスケットボールリーグ）の中継録画でした．マイケル・ジョーダンを筆頭に魅力あるスターが何人もいて，1992 年のバルセロナオリンピックの「ドリーム・チーム」をきっかけに NBA 観戦に夢中になりました．NBA ブームも起こっていたように思います．

　そこで過去の名選手や記録を調べると，とんでもない記録に出会いました．

「1 試合最多得点・個人：100 点．ウィルト・チェンバレン．1962 年3 月 2 日．内訳はフィールドゴール 36 本成功／63 本中，フリースロー28 本成功／32 本中」

　私はこの記述に含まれている重大な事実に気づくまでにかなりの時間を必要としました．

3.1 （身体活動としての）楽しみ・気晴らし

「スポーツ」は英語の"sports"の音をそのまま転写したものです．"sport"や"sports"の語源を調べると，「楽しみや気晴らしをもたらす活動」の意味の古英語"disport"であり，この単語の短縮形として生まれた単語であるようです [69]．

Britanica百科事典ではsportはPLAY（広い意味での遊び）を以下の条件で分割した一部分として定義しています．

> PLAY（遊び一般）の中でもorganized play（組織だった遊び）がGAMESである．GAMESの中でもcompetitive games（競争的なゲーム）がCONTESTSである．さらに，CONTESTSのうちphysical contests（身体的な競争）であるものがSPORTSである* [70]．

この定義のように「スポーツ」は身体動作を伴う活動を意味することが多いですが，近年ではチェスや囲碁など記憶力や思考力を伴うゲームも「脳という身体的活動」と見なし，スポーツの一種であるとして「マインドスポーツ」と呼ぶことが定着しつつあります．その文脈で，コンピュータゲームも反射神経や適切な推論を活用する活動であるとして「eスポーツ」と呼ぶことも提唱されています．これはsportsの単語の意味

---

* CONTESTSのうちphysical contestsではない方はintellectual contests（知的競争）

をcontestsまで広げようとする動きとも解釈できます.

　とすると,「スポーツとそれ以外」を分ける条件として「体を動かす楽しみであるかどうか」よりも（先ほどのBritanicaの定義で）一つ上がった, contest ＝ 勝利を目指す争いであるかどうか, つまり**「勝敗のためのルールが明確に規定されているかどうか」**であるとここでは主張したいと思います.

　確かに, 我々がスポーツと見なしている競技は「勝敗が定まる」「得点の大小を競う」「順位が定まる」という特徴があります. そのために得点や勝敗を定める基準, つまりルールが定められています.

　最初は走ったり飛んだりボールを使ったりすると楽しい！ではじまった活動かもしれません. 何を目的とするか, 何を禁止するのかは参加者が遊びながら決めていったのでしょう. そこから,

- 勝ち負けを決めた方が盛り上がる→勝敗の条件を決める
- できてうれしいことや練習したくなる動作がある→それに関連して得点を定義する
- もめ事が起きないようにしたい→審判のしくみを整える

……と発展してきた結果, 多くの人から「（プレイしたり観戦することが）楽しい活動である」と支持されてきた競技が生き残ってきました. 想像ではありますが, 野球はきっと「投げたボールを棒で遠くまで打つのは楽しい！」, サッカーは「足で球をうまく蹴るのは難しいから練習したくなるなぁ」といった, 参加者の楽しみや熱意を引き起こす要素から生まれて発展してきたのでしょう.

　現在生き残っている競技のほとんどは, 楽しい活動であると支持され

続けるために，プレイしている選手が楽しいと思えることや，見ている観客が盛り上がる状況をできるだけ引き起こし，そうでない活動を適切に罰する（罰則を設けることでそもそも起きにくくする）ことを目的としたルール変更を行ってきました．本章では可能な限り（著者が知っている）広い範囲で，現在当然と思われている各競技のルールがどのように・何を意図して変更されてきたのかをいくつか示したいと思います．

3.2 劇的な変化を生むルール変更
——3ポイントシュート

　章冒頭のウィルト・チェンバレンの「1試合100点」の偉業の話に戻りましょう．1試合最多得点2位は大きく離されてコービー・ブライアントの81点（2006年）．マイケル・ジョーダンの最多得点は69点（1990年）で14位．各選手の最多得点のみのランキングでは9位です（2023年9月29日時点．チェンバレンは70点以上を6回記録しています）[71]．

　この3試合の得点の内訳を表にしました（**表3.1**）．

表3.1　NBA　1試合での最多得点

	時間	得点	FT	2P	3P
チェンバレン	48:00	100	28	36	
ブライアント	41:56	81	18	21	7
ジョーダン	50:00	69	21	21	2

FT：フリースロー，2P：2ポイント，3P：3ポイント

　NBAは1試合48分で，国際ルール（40分）とは異なる規則で長く運

用されています．チェンバレンはフル出場，ジョーダンは延長戦を含め50分も出場して69点をたたき出しています．

　ここで注目してほしいのはチェンバレンの3ポイントの欄です．ここは0ではなく空白．これが何を意味してるかというと，チェンバレンが100得点を記録した1962年，**NBAには3ポイントシュートというルールが存在しなかったのです**．そう．チェンバレンは3ポイントシュートを打たなかったのではなく，3ポイントシュートというルールが存在しなかったので「打てなかった」のです．

　バスケットボールで通常のシュートは2点ですが，ゴールから一定以上離れた場所からのシュートに3点を与えるルールが最初に適用されたプロリーグはAmerican Basketball League（ABL）で，1961年の記録が残っています [72]．バスケットボールはその得点の方法（地上約3メートルに設置したリングの上からボールを通す）の性質上，背の高い選手がゴールの近くでシュートを試みるのが最も確実であり，チェンバレン選手も216cm, 124kgの堂々たる体格と運動能力を活かして得点を積み重ねました．3ポイントシュートはそうでない選手——小柄で遠くからのシュートを決められる正確性を持つ選手——をもっと活躍させたり，逆転を起こす仕掛けとしていくつかのリーグで導入されたようです．

　（ABLとは異なる）NBAと対抗していたプロバスケットボールリーグでも3ポイントルールが採用されていました．NBAがこのルールを採用したのは先行者からやや時間をかけて，1979-80シーズンでした．記念すべき初3ポイント成功はボストン・セルティックスのクリス・フォード選手．両チームで13本中2本の成功が記録されています [73]．他リーグでの採用実績があったとはいえ，選手はほとんど3ポイントというものがないバスケットボールを体験しています．採用後の10年程度は1試

合平均2.0本から6.6本試みられ，平均成功確率は25%から30%でした．

 ## シュート位置の可視化

　NBAの1997年以降のシュートデータは公開されています［74］．コートを小さな正方形に区切り，その中で試みられたシュート本数を色の濃淡で表しました（濃く黒いほど本数が多い場所です）．**図3.1**に，このデータで最も古い1997-98シーズンを示します．

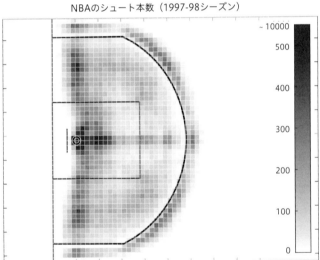

The original data are retrieved from
https://data.world/sportsvizsunday/june-2020-nba-shots-1997-2019
(Visualization by konakalab)

図3.1　NBAでのシュート位置と本数（1997-98シーズン）

　ゴールに直接ボールを入れるのが最も確実なので，ゴール近くのシュート本数が圧倒的に多いです．そのほか，ゴールからエンドライン方向

（図の上下方向）やゴール正面（左右方向），斜め45度の3ポイントなどが多く放たれたことがわかります．

　20年ほど下った2018-19シーズンではどうでしょうか（**図3.2**）．区域当たり500本までの色は両方の図で同じです．ゴール下が増え，図の上下方向の中程度の距離のシュートが減っていることがわかります．そして何より目を引くのが3ポイントシュートの劇的な増加です．どうやらこの20年間で，シュートを打つ位置の選択に関する戦略の根本的な変化があったようです．

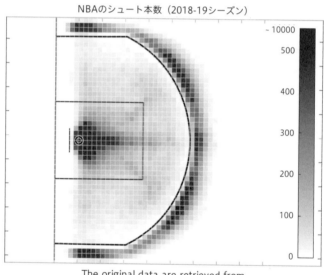

The original data are retrieved from
https://data.world/sportsvizsunday/june-2020-nba-shots-1997-2019
(Visualization by konakalab)

図3.2　NBAでのシュート位置と本数（2018-19シーズン）

　図3.3に，3ポイントシュート採用以降のシュート本数と得点数（1試

合当たり）を示します．3ポイントシュートは増加傾向で2021-22シーズンでは1試合平均35.2本（そのうち成功12.4本）．総得点に占める割合も34%まで拡大しています．

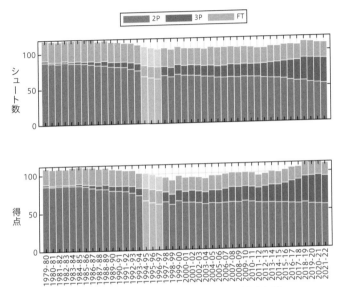

図3.3　NBAでのシュート本数と得点数（1試合当たり）

　各チームがこういったシュート選択に至ったのはなぜなのでしょうか？直感的にはシュートはゴールから遠くなるほど成功確率が下がりますが，その下がり方は距離に対して連続的であるはずです．そこに3ポイントラインが引かれており，その内外で得点は2点から3点に不連続に変化します．そうすると3ポイントラインのギリギリ内側でシュートを放つのは効率が悪く，それよりは3ポイントラインのギリギリ外に出てシュートを放つ方が良さそうです．これで3ポイントライン内外で外側に本数が偏ることは説明できます．

　次は最も効率が良いシュート，つまりゴール付近のシュートと3ポイントを比較する必要があります．先ほどと同じデータで，（シュートの成功率）×（シュートの得点）を図示しましょう．その場所からのシュートの平均得点，数学の言葉で言うと得点の期待値を示します（**図3.4**）．図中，得点期待値が1.0の等高線のみ白線で示しました．得点期待値が1.0を超えるのはゴールの近くと3ポイントシュートであることがわかります．ゴール下と3ポイントは同じくらい効率の良い攻撃手段となっていることがデータからわかりました．

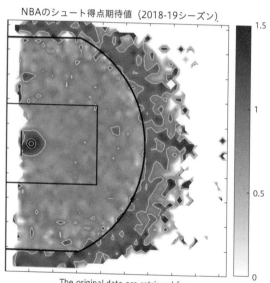

NBAのシュート得点期待値（2018-19シーズン）

The original data are retrieved from
https://data.world/sportsvizsunday/june-2020-nba-shots-1997-2019
(Visualization by konakalab)

図3.4　NBAでの位置ごとの得点期待値

　しかも，それぞれの位置でのシュート成功率は3ポイントラインがあ

るからこその値でもあるのです．3ポイントがない場合，守備側が気にするべきなのは成功率が高いゴールの近くのみです．しかし，3ポイントが導入され，守備に邪魔されない選手が高確率でシュートを決められるようになると話は違ってきます．守備側は3ポイントラインまでをどうやって守るかを考えざるを得なくなります．これによりゴール近くの守備が手薄になり，攻守ともに多様な戦略が生まれる素地となるのです．

実はNBAでは3ポイントラインが一度ゴールに近くなったことがあります．図3.3では薄い棒で示されている，1994-1995シーズンから1996-1997シーズンの3シーズンです．長方形と半円で構成されていたラインを半円のみにしました．ゴールに向かって前後方向の距離は7.24[m] から6.71[m] に縮められました．このように変更した目的は，3ポイントシュートをより簡単にし，当時減少傾向にあった得点を増加させるためであったと言われています [75]．

試みの半分は成功しました．3ポイントシュートが試みられた回数は1試合当たり9.9本から15.3本へ激増し，3年目には16.8本まで増加します．成功率もそれまで過去最高水準だった33.3%をさらに更新する35.9%に上昇し，確かにゴールに近くなったことで3ポイントシュートは簡単になりました．しかし試みの残り半分であり最大の目的——得点の増加——には失敗してしまいます．導入前の平均得点は101.5点．初年度こそ101.4点と微減に収まりましたが，続く2年で99.5点，96.9点となり，試みは失敗．3ポイントラインは再び長方形と半円の組み合わせに戻ることとなりました．原因は3ポイントラインが近くなったことにより，5人対5人がそろった状態の攻撃（セットオフェンス）でそれまでより狭い範囲に選手が密集したことがあげられています．

しかしバスケットボールで3ポイントシュートが強力な武器になって

83

しまったことは止められませんでした．3ポイントがある時代に競技を
はじめた選手や，それを前提とした指導を学んだコーチが増えることで，
NBAでの3ポイントの存在感は増すことになります．世界最高峰である
NBAは「大柄でスピードが速くシュートもうまい」選手が集まる場所
でもあり，3ポイントシュートは増加の一方です．得点期待値が高いシュー
トを打つための戦略や選手の身体的能力の研究も進んでおり，平均得
点はここ数シーズン110点を超えています（2021-2022シーズンは
110.6点）．

　3ポイントシュートはスポーツにおける目的——この場合は得点——
の与え方を大胆に変更し，成功した一つの例です．データからは2点と
3点の組み合わせが絶妙であったことが示唆されています．もし「4ポイ
ントシュート」として導入されていたら，ゴール下の攻防はどうなって
いたのだろうか？　これから「4ポイントシュート」が新たに導入され
るのだろうか？などの想像は尽きません．

3.3　困難な挑戦を後押しする ルール変更
——ラグビー

　2015年9月19日，ラグビーワールドカップ2015，日本は初戦で優勝
候補南アフリカと対戦しました．世界ランキングは13位と3位．ランキ
ングポイント差は−13.09．第4章で詳しく紹介しますが，このランキン
グポイント差は「**番狂わせはあり得ないほど実力が離れているという評
価**」を意味していました（ランキングポイント差の意味は136ページで
改めて取り上げます）．

しかし日本は予想外の善戦を見せます．29対32と3点差で迎えた終盤，相手の反則でペナルティキックを蹴る権利を得ます．決まれば3点．残り時間を考えると引き分けに持ち込める可能性が高い選択です．しかしピッチ上の選手たちは，そこから攻撃を続けて5点を得られるトライに挑戦することを選択します．日本はこの選択を成功させ，歴史的な番狂わせを成し遂げることとなったのです [76] [77] [78]．

「トライ」は何にトライする？

ラグビーの魅力の一つはさまざまな得点方法とその得点数によって導かれる戦略性にあるのではないでしょうか．先ほどの日本の番狂わせの例では，「比較的確実な3点」と「難易度が高い5点」がルールとして用意されていることが劇的な番狂わせの名脇役となっていました．

現在のラグビーの得点方法は大きく分けると2種類，ルール上の分類では5種類です [79]．

- 相手インゴール（ゴールラインより奥の地面）にボールを接地させる
  - トライ（5点）
  - ペナルティトライ（7点）：相手の反則でトライを妨害された場合
- ゴールを決める（ボールをH型のゴールポストの上部の空間に通す）
  - コンバージョン（2点）：トライ後，トライの場所に応じて決まる場所から止まったボールを蹴ってゴールを決める．ペナルティトライではコンバージョンは実施されない
  - ペナルティゴール（3点）：重大な反則を受けた場合，その場所に応じて決まる場所から止まったボールを蹴ってゴールを決める
  - ドロップゴール（3点）：プレイ中に一度地面に弾ませたボールを

蹴ってゴールを決める

　最も得点の多いトライがラグビーの花形です．トライをねらうけれども，実力差や点差といった試合状況を加味しつつペナルティゴールをどう選択していくのか？というのが試合を通した戦略の見どころの一つです．トライは 5 点で，コンバージョンを決めると 2 点が追加され合計は 7 点です．これとペナルティゴールの 3 点は絶妙な設計で，トライのみだとペナルティゴール 2 本で逆転，コンバージョンまで決めると 2 本では足りない，という塩梅です．

　若干奇妙なのは「トライ」という名称です．「ゴール」はゴールにボールを蹴り入れることで，これは同じフットボールに分類されるサッカーと共通です（元々「フットボール」として遊ばれてきた数々の異なるルールのうち，ボールをもって走ることを禁止したルールがフットボール協会のルールとして制定されますが，その際このルール変更に納得できず，フットボール協会を脱退したクラブが採用した異なるフットボールの一つがラグビーです（正式にはラグビー・ユニオン）[80]）．

　しかし，「トライ」は何にトライすることを意味しているのでしょうか？　最初期（19 世紀）のラグビーのルールを読むと，現在とは全く異なる競技の様子に驚きます．試合の勝敗はゴール数の多さで判定され，特定の領域にボールを接地（touch down）させることによりゴールのためのキックに挑戦する（try）権利を獲得できるルールだったようです [81] [82]．今日の「トライ」の語源はここです．タッチダウンの後にゴールをねらうキックは，タッチダウンを得点に変換する（convert）ためのものなのでコンバージョン・ゴール（conversion goal）と呼ばれ，この名称も今日に引き継がれています．「タッチダウン」の用語はラグビ

ーでは残らずに「トライ」と呼ばれることになりますが，アメリカンフットボールで生き残ることとなりました．ただ，ラグビーでのトライにはタッチダウン（地面への接地）が必要ですが，アメリカンフットボールのタッチダウンは必ずしもタッチダウンを必要としなくなった（ボールを保持してエンドゾーンの地面に体の一部が着けばよい）ことはちょっとしたネタとして面白いかもしれません．

最初期にはゴールの添え物であったトライは徐々に競技の中での存在感を増すことになります．表3.2にラグビーの得点規則の歴史をまとめました．こうしたルール変更は競技者や観客がその競技に求めているものを反映していると考えて良いでしょう．つまり，**ラグビーはボールを持って前進することを重視する**，という姿勢です．

表3.2 ラグビーの得点規則の歴史

期間	トライ	コンバージョン	ペナルティゴール	ドロップゴール
1871-1875		1	1	1
1876-1885	@	1	1	1
1886-1891	1	2	3	3
1891-1894	2	3	3	4
1894-1904	3	2	3	4
1905-1947	3	2	3	4
1948-1970	3	2	3	3
1971-1977	4	2	3	3
1977-1991	4	2	3	3
1992-	5	2	3	3

@：同ゴール数の場合にトライ数で勝敗を判定

ここ30年ほどはほぼ得点規則は変更されていませんが，変更することで競技がより魅力的になるか？という試みはいくつか報告されています．トライの得点を6点とする，攻撃の開始位置で得点を変える，などです

[82]．しかし，現在のところこれらの新しい試みが国際的な公式ルール
として採用されるには至っていません．

3.4 勝ちの価値
——勝点制度

　話は 4 年後，日本での開催となったラグビーワールドカップに移りま
す．

　2019 年 10 月 5 日，愛知県の豊田スタジアムで日本はサモアと対戦しま
した．試合は終始日本が優勢に進め，規定時間の 80 分を過ぎて 31 対 19．
ボールはサモア陣のゴール近くで，サモアがボールを保持しスクラムを
選択します [83]．この攻撃が終わるまでは試合が続きますが，トライと
コンバージョンゴールの 7 点をとっても逆転することはできません．

　しかし，試合を続ける両チームと，それに興奮しあらん限りの声援を
送る観客．——ここでは何が起こっていたのでしょうか？

複数試合の大会における誘導

　国内のリーグ戦や大規模な国際大会では複数試合の結果を総合して順
位を定めます．勝利数や勝率などを利用する競技も多いですが，「勝点制
度」もポピュラーな方法です．これは勝ち・引き分け・負けそれぞれに
「勝点」を設定し，その合計で順位を決めよう，という制度です．

　ラグビーワールドカップは 20 か国が参加するラグビーの国際大会の最
高峰です．20 チームは 5 チームずつ 4 つのプールに分かれ，プール内で
各組み合わせ 1 回の総当たりで対戦します．各チーム 4 試合の勝点の合

計で順位を定め，決勝トーナメントに進出するチームを決めるのです．

1999年の第4回大会までは，勝ち・引き分け・負けそれぞれに勝点3，2，1を与える方式でした．これが2003年の第5回以降，勝点に加えてボーナスポイントを与える方式に変更されます．

- **勝ち：4ポイント**
- **引き分け：両チームに2ポイント**
- **負け：0ポイント**
- **ボーナスポイント：以下それぞれを満たした場合，上記のポイントに追加して1ポイントが与えられる**
  - 4トライ以上
  - 7点差以内の敗戦

こうすることで，同じ勝利でも勝点（差）に多様性が生まれることになりました．4トライ以上で7点より大きな点差をつければ自チーム5ポイントに対し相手は0ポイントですので，5ポイントもの大差をつけられます．それに対し，勝利したものの相手チームに4トライ以上許し，かつ7点差以下の小さな（1トライ1ゴールで追いつける）点差であればポイント数は4と2で，ポイントの差は2ポイントのみです．

このルールが前述の日本対サモア戦の終盤の盛り上がりの根拠です．31対19と負けていたサモアですが，最後の攻撃でトライに成功すれば5点を追加し31対24と7点差になり，負けはしますがボーナスポイントを得ることができます．それに対して日本はこの時点で3トライ．ボールを奪ってトライに成功するとボーナスポイントを得ることができます．つまり，80分を経過し試合の勝敗は決まっていましたが，どちらのチー

ムにも試合を続けたい理由があったのです．ボーナスポイントのルールが，数多くトライをねらうことと，負けているとしても点差をできるだけ離されないようにあきらめないことを推奨するように設計されており，日本対サモア戦はその両方が大舞台で実現した典型的な例だったのです．

　さらにこれには伏線があります．84 ページで紹介した日本の番狂わせですが，日本は奇跡的に勝利したものの 3 トライ．南アフリカは 4 トライに成功しており，最終点差も 2 点（34 対 32）でありボーナスポイント 2 点の獲得に成功します．5 チーム 1 回戦総当たりで行われるプールステージは，ポイント（勝点）上位 2 チームが決勝トーナメント（8 チーム）に進出するルールです．日本のプールでは南アフリカ，スコットランド，日本がともに 3 勝 1 敗でしたが，ボーナスポイントの違い（それぞれ 4，2，0）で日本はプール 3 位．決勝トーナメント進出は逃してしまいました．同じ形式で行われた 2003 年以降の 5 大会で，3 勝したものの決勝トーナメントに進出できなかったのはこの時の日本のみです．2015 年のこの経験を受け，2019 年の日本大会では「4 トライしてボーナスポイントを得ることの重要性」が繰り返し報道されていた記憶があります．

2-1-0 から 3-1-0

　勝点制度の変更として言及しておくべきものは，サッカーでのいわゆる「3-1-0 制度」への変更でしょう．今ではすっかり常識となった「勝ち 3 点，引き分け 1 点，負け 0 点」の勝点制度ですが，サッカー史の大半では「勝ち 2 点，引き分け 1 点，負け 0 点」が採用されてきました．この点で最も先進的だったのはイングランドで，3-1-0 制度の採用は 1981-1982 シーズンでした．国際大会や他国リーグへの浸透はやや時間がかかりましたが，おおむね 1990 年代中盤にはほぼすべての主要大会・リーグ

が3-1-0制度を採用することとなりました．FIFAワールドカップでの採用は1994年のアメリカ大会からです．

この設計意図として頻繁に言及されるのは「勝利の価値を上げると引き分けを選択しなくなり，得点を取りに行くようになる」という説です．そこで，欧州5大リーグ（イングランド，フランス，ドイツ，イタリア，スペイン）での3-1-0制度採用前後10年ずつのトップリーグでの平均得点（1試合1チームあたり）を調査し，図示したものが**図3.5**です．

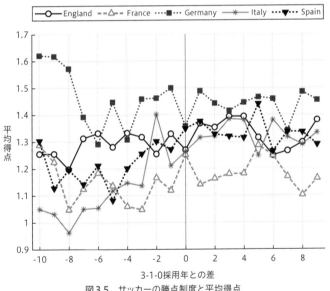

図3.5　サッカーの勝点制度と平均得点

前述の説とは異なり，3-1-0制度採用と平均得点の関係はそこまで明確ではないようです．イタリアやスペインは採用後に平均得点が上昇しているようですが，他3リーグでは得点が明らかに増えているとは言い難いです．

したがって，この制度の変更は当事者の勝利に対する意識を変えたかもしれませんが，リーグ戦でのゴール数の増加という形では明確には現れなかったことがわかります．この制度の利点は**「結果として順位付けに勝利を重要視するようになった」**ことと解釈する方が適切かもしれません．

3.5 選手にも運営にも観客にもやさしく
——ラリーポイントとサイドアウト

近年のスポーツは観戦するコンテンツとしての側面を無視できません．現地に足を運んでくれる観客のみならず，テレビやインターネットで試合を配信することで利益をあげられることがスポーツリーグや大会を運営するうえで重要な要素になりつつあります．

そうした観点からは，**「試合にどれくらい時間がかかるか」**は観客を引き留められるかどうかの重要な要素になりえます．これは単純な時間の長短のみではなく，その変動がどの程度であるか（試合ごとにかかる時間に大きな差があるかどうか）も含みます．ある人が，ディナーまでの昼の空き時間に何を見るか？を選ぶとき，試合の終了時間が予測できないという理由でチャンネルを合わせてくれないかもしれません．映画であれば終わりの時間は明確です．そもそも複数の番組で構成される番組表において，一つの番組の終了時間が決まっていないことはテレビ局を困らせる原因となります．超人気スポーツであれば中継を優先してくれるかもしれませんが，当落線上の競技は終了時間が予測できないという理由で地上波中継に採用されないかもしれません．また，中継が延長されたとしても，その結果延期や中止となってしまった他の番組のファン

からはその競技が「敵」となってしまうことも考慮すべきでしょう.

大会運営上の問題もあります. 試合時間が予測できない場合, 1会場で1日に開催予定の試合数を少なく計画を立てなくてはいけません. 試合会場や期間の条件がある場合, 大会全体の参加チーム数や試合数に制限を受けることになります. 試合が少なくてはチケット収入も放送権収入も減ってしまいますし, 何よりもテレビ中継の主なお客さんは試合に出ている国のファンです. 一例として, オリンピック (夏季・冬季ともに) は「競技期間は, 16日を超えてはならない」[84] と定められています. オリンピックは特別の関心を得られる機会です. 各競技団体は, この中でできるだけ多くの試合を行えるようさまざまな工夫を凝らすこととなります.

試合時間の長さを試合終了のルールに含んでいる競技 (オリンピック採用種目だと, サッカー, ホッケー, バスケットボール, 水球など) であれば試合にかかる時間はほぼ予想できます. しかし, 得点数や小さな勝利であるセット数などにより試合終了を定めるスポーツでは, 得点を認める条件によっては試合時間が予測しづらくなります.

ここではその代表としてバレーボールを例にあげます. 現在のバレーボールはサーブから始まる一連のプレイがすべてどちらかの得点で終わります. そして得点したほうが次のサービスを打ちます. これは**「ラリーポイント制」**と呼ばれる方式です. この制度が国際ルールで採用されたのは1999年. それまではサービスを打った方の攻撃が成功したときのみ得点が入る**「サイドアウト制」**でした. ラリーポイント制では1セットが原則25点先取, サイドアウト制では15点先取で, いずれも3セット先取で勝利するルールです.

ラリーポイント制ではサービスごとに得点が増えるので, 原則として

セット終了に近づいていきます．それに対してサイドアウト制ではサービス権を持っていない側の攻撃が成功すると得点は増えませんので，試合時間を使ったが試合終了には近づいていないことになります．セット終了となる得点はラリーポイントの方が多いのですが，これらの条件が試合時間にどのような影響を及ぼすのでしょうか？

　2000 年以前の試合時間のデータは FIVB（国際バレーボール連盟）のWeb サイトでは見つけられませんでしたので，必要なプレイ（サービスから始まりボールがコートに落ちるまでと定義する）の数をシミュレーションで推定してみます．図3.6 は，横軸にサービス権を持っている側の攻撃が成功する確率を，縦軸にプレイ数を取ったグラフです．実線はそれぞれの平均，点線は多いほうと少ないほうそれぞれ5%の数値を示しています．

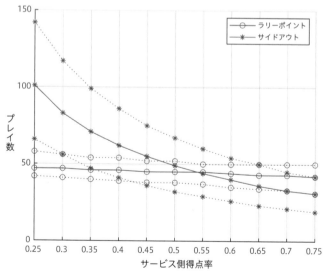

図3.6　バレーボール：得点ルールと必要プレイ数の分布

この図から，サービス側の得点確率に依存せず，ラリーポイントでは55回もプレイがあればほぼすべての（95％以上の）セットが終わることがわかります．それに対してサイドアウト制ではプレイ数の広がりが大きく，サービス側の得点率が低くなると1セットですら何時間かかるかわからない，と予想されるのです．

ラリーポイントが浸透した後のデータではありますが，日本国内最高峰リーグ（Vリーグ）でサービス側の得点確率はおよそ3割です[85]．この条件では，プレイ数の上下5％および中央値は $(41, 46, 56)$ です．もしサイドアウト制でラリーポイント制と同じ平均プレイ数を実現しようとすると，1セットは「9点先取」に変更するべきです．しかしこの場合プレイ数の上下5％および中央値は $(27, 47, 75)$ となり，「試合が早く終わりすぎる」ことも含めて試合時間が予測しづらい，という問題が残ってしまいます．

ここまでは主に観戦される，興行としてのスポーツの側面を強調してルール変更について説明しました．しかし，こういった「試合時間を安定させる」ルール変更の恩恵は他ならない選手を考慮したものでもあります．1試合が長すぎることは選手に負荷がかかり，集中力を欠いた状態でのプレイの可能性を高めてしまいます．その先に起こりうるのは選手の負傷です．試合時間を安定させることは負荷管理の一つの手法なのです．

2021年開催の東京オリンピックでは開会式翌日から閉会式当日までの16日間で，男女それぞれ38試合，合計76試合が1会場で実施されました．男女それぞれ交互中1日で試合を行う日程で，最大で1日6試合行われていました．12チームを6チームごと二つのプールに分ける方法では考えられる限り最も密度が高い日程です（1試合目と6試合目の開始がそ

れぞれ 9 時ごろと（遅い場合）23 時になっており，1 日 1 会場では 6 試合が限界です）．これを実現するためにはラリーポイント制による試合時間の安定が必須なのです（それ以外にも試合時間短縮のためのオリンピック特別ルールもありました）．

ラリーポイント制は，選手の健康を保ちつつ，大会運営者やファンも競技に関係しやすくなる画期的な発明であったと，私は感じています．同様の変更は他競技でも見られます．同じネットスポーツであるバドミントンは 2006 年にサイドアウト制からラリーポイント制に変更しました[86]．テニスは元々サーブ権に関係なく得点できましたが，2 ゲーム差をつけないとセットを獲得できないルールがありました．このルールはテニスの試合時間を予測できなくするので，その解決策としてタイブレーク（tie-break，「引き分けを破る」の意味）が 1960 年代に発明され，徐々にさまざまな大会で採用されるようになりました[87]．ゲームカウントが 6 対 6 となった後，2 ポイント以上差をつけて 7 ポイント以上を獲得した選手がそのセットの勝者となるルールが一般的です．タイブレークで勝利するためのポイント数はいくつかのルールがあり，2023 年の四大大会では 10 ポイントです．

伝統ある大会ほどタイブレークの採用は遅く，実際プロテニス史上最長の試合は 2010 年ウインブルドンでの 11 時間 5 分（ジョン・イズナー（アメリカ）対ニコラ・マウ（フランス））でした．ゲームスコアは 6-4, 3-6, 6-7, 7-6, 70-68．最終セットのみで 10 セット＝約 2 試合分のゲームを戦ったことになります[88]．ウインブルドンでは最終セットのタイブレーク採用が 2019 年．四大大会で最後に残った全仏オープンもタイブレーク採用を発表しています[89]．前述の最長試合の記録が更新されることは，この先まずないでしょう．

タイブレークは野球のいくつかの大会でも採用がはじまっています（延長の特定のイニング以降，走者がいる状態から攻撃をはじめることで得点を入りやすくする）．サッカーでの15分前後半の延長 + PK方式もタイブレークの一種ですね．アイスホッケーでは延長戦は選手を減らして行われます．

「選手の負傷防止」の観点から少し範囲を広げると，サッカーやラグビーの交代選手数増加や最短試合間隔の設定，野球の投球制限なども含められるでしょう．このような，競技の本質を損なわないままで試合時間や選手の負荷を調節することはスポーツ界全体の潮流となっています．

3.6 バランス調整の旅は続く

観客に対して魅力的で，運営しやすく，選手の負傷も少ない――スポーツに対する要求は年々変化しています．得点や勝点のルール変更例を示してきましたが，それ以外の調整についても示します．

「何も起きなくなってしまった」――野球

野球はボールをバットで打つ競技です．原則として速く・遠くに飛ぶと打者に有利で，得点が多く入りやすくなります．すると大事になってくるのがバットとボールの反発係数（衝突前後の速度比）です．

日本のプロ野球（NPB）では2010年まで複数のメーカーが異なる反発係数を持つボールを作成し，どのボールを使うのかは各球団に一任されていました．しかし，国際大会で利用されるボールとは異なるので，

それへの対応のため 2011 年から 1 社生産の 1 種類のボール（以降，統一球）のみ使用することとなりました．

　そのボールが問題を起こします．2010 年シーズンの本塁打数 1605 本に比べ，2011 年と 2012 年シーズンの本塁打数は 939 本，881 本と激減したのです．統一球は明らかに「飛ばないボール」だったのです [90]．

　ボールの仕様が変更された 2013 年以降の本塁打数は持ち直します．しかし，この失敗は**「ボールの仕様変更で野球という競技の特性や過去の記録の価値が操作できてしまう」**ことを一般のファンにも気づかせてしまったことに問題があると考えています．

　2023 年から MLB はいくつかのルール変更を採用します [91]．一つは本書の第 1 章でも紹介した守備のシフトについてです．低予算に苦しむピッツバーグ・パイレーツを救った守備シフトですが，新ルールでは「内野手は必ず 4 人，2 名ずつを 2 塁の左右に配置すること」となりました．このほかにも投手の投球間隔時間の制限や打者が速やかに打撃姿勢をとるように促すルール（ピッチタイマー），大きなベース（15 インチ四方から 18 インチ四方に）などが採用されます．マイナーリーグでテストされていた，ピッチャーマウンドを打者から遠くするルール [92] は採用を見送られました．

　これらのルール変更の背景は，アメリカ国内で野球の人気が低下していることです [93]．1960 年代まで野球はアメリカ国内で最も人気あるプロスポーツでしたが，70 年代にはアメリカンフットボール（NFL）にトップの座を奪われます．その後はバスケットボール（NBA）と 2 位を争い，現時点では 3 番手です．すぐ後ろにはアイスホッケーを抜いて 4 番目のプロスポーツリーグとなったサッカーが迫っています．トップ選手の SNS のフォロワー数（NBA，NFL のトップ選手の 1/10 から 1/100），

総観客数（8000万人から15年間で6500万人に減少），高齢化が進むファン（平均57歳．他の人気上位のプロスポーツでは40歳から50歳）も野球の劣勢を明らかにしています．試合数が多いプロスポーツの中でも野球の試合の長さ（平均3時間3分．バスケットボールとアイスホッケーは2時間30分程度）は際立っています．

　これらを総合すると，アメリカで野球を楽しんでいるファンは「長い時間を観戦に費やせる，野球人気が高かったころにファンとなったまま残った高齢者」であり，若年者の獲得に課題を抱えていることがわかります．

　第1章で紹介した守備シフトやフライボール革命が浸透した結果何が起きたのかをデータで確認しましょう（**図3.7**）．

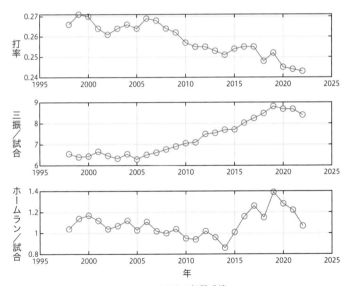

図3.7　MLBの打撃成績

すでに紹介した通り，ホームランは2015年を境に増加傾向です．しかし，その代償として何が起こったのかというと，打率の低下と三振の増加です．このような試合は観客の目からすると，出塁している走者が少なく，つながりのある戦略に乏しく，投手と打者の1対1で三振かホームランかを淡々と見続ける，しかも試合時間は長い，ということになります．極端な言い方をすると，**野球は「何も起きていない」時間が極端に長いスポーツになってしまった**のです．

この背景を踏まえると，2023年にMLBが導入するルール変更の意図がよくわかります．守備シフトを制限して打率を上昇させて塁上に走者がいる状況を増やし，投手や打者には緩慢な時間のない行動を要求する．すべては**「何かが起きている」状況を増やして観客を取り戻すため**なのです．

3.7 判定にテクノロジーを

サッカーの歴史の中で，重要な場面で起きた疑惑の判定はいくつかあります．最も影響の大きい場面で起きた有名なものは1966年ワールドカップイングランド大会の決勝で起きたものでしょう．

決勝まで勝ち進んだ開催国イングランドは西ドイツと対戦．前後半90分を終えて2対2の同点で試合は延長戦に入ります．そして延長前半11分，右サイド奥深くからのクロスを受けたイングランドのジェフ・ハースト（Geoff Hurst）選手が右足で放ったシュートはクロスバーの下部に当たりゴールライン上に落下．そこからボールはペナルティエリア

の方向に再度跳ね返り，西ドイツの選手がクリアします．サッカーでの
ゴールインの規則は「ボールがすべてゴールラインを超えた場合」です
が，映像からはボールの落下点がラインとどのような位置関係だったの
かが判然としません．試合では線審がこれをゴールと判定．ハースト選
手は前半の1得点とこの得点，さらに延長後半15分に追加点．ハースト
選手のハットトリックの活躍もあり，イングランドが西ドイツを4対2で
下し，「サッカーの母国」が初の（そして現時点では唯一の）ワールドカ
ップ優勝を果たしました [94]．

　この判定の厄介なところは，判定のために必要なゴール真横からの画
像・動画が撮影されていないことです．今残されているのはテレビ中継
用に斜めから撮影されたもので，当時の技術水準の制約により画質も良
くありません．その動画を見ると，ボールはゴールに入っていないよう
に見える人が多いと思うのですが，**真相はもうわからないのです**．

　動画録画技術は過去にさかのぼり同じ場面を何度も見返すことを可能
にしました．それまで過去を定着させる技術が絵や写真しかなかったこ
とと比べると革命的変化です．

　録画と編集に時間を要する場合，用途は主に試合後の報道でしたが，
編集時間が短縮されるにつれ試合中の判定の補助に使われるようになり
ます．

　日本国内のスポーツで最初にビデオ判定が導入されたのは大相撲で
1969年のこと．他の競技と比べて格段に早い時期であり，世界的に見て
も最も早い競技の一つです．導入のきっかけとしてよく挙げられるのは，
横綱大鵬関の連勝記録が止まった1969年3月場所の取組が実は誤審で，
スローモーション映像がニュースで繰り返し流され抗議が殺到したこと
[95] です．しかし，実はその前から導入の検討がはじまっていたとも伝

えられています［96］．ここで大相撲はNHKの中継映像を参考とするし
くみを採用しています．大相撲の開催箇所は4か所（東京，大阪，福岡，
名古屋）と少なく，かつNHKで毎日中継放送が行われていたことがビ
デオ判定を導入しやすくしたとも言えます．言い換えると，会場が多く
テレビ中継があったりなかったりする競技ではビデオ判定のための設備
投資にコストがかかり，それが原因でビデオ判定の導入に消極的になり
えます．

　北米のプロスポーツでビデオ判定に積極的だったのはアイスホッケー
のNHLでした．アイスホッケーはゴールが小さく（高さ1.22［m］，幅
1.83［m］［97］），リンク上の審判からゴールやパック（硬質ゴムの円盤
で，他の球技のボールに相当するもの）が選手で邪魔されて見えづらい
です．そこでゴール裏，リンク外にゴールかどうかの判定を補助するゴー
ルジャッジが置かれていました．

　それでもアイスホッケーのパックは速く，時速160キロを超えること
もあります［98］．肉眼では追いかけることが難しいパックの位置や軌道
を正しく判定するため，NHLは1991年にビデオ判定システムを導入しま
した［99］．その後の2004年には"Situation Room"（または"War
Room"）と名付けた施設をカナダのトロントに設置します．この施設は
北米各地で行われている試合の映像を受信し，そのビデオの情報に基づ
いて，見解が分かれそうな出来事について判定を下すためのものです
［100］．試合会場外に設置した理由の一つは，審判が無意識にホームチー
ムに有利な判定を下してしまう事象を避けるためと言われています．

　22ページのMLBの計測システムでもその名前に言及しましたが，ボー
ルの軌道計測システム開発で有名な企業にHawk-Eye社があります．
この会社の知名度を急激に上げたのは，なんといってもプロテニスでの

採用でしょう．2006年から採用に関するテストがはじまり，8月の全米オープンでは四大大会初採用となりました．

Hawk-Eyeシステムは複数のビデオカメラで撮影した画像から物体の位置と軌道を計測します．システムには計測した軌道に基づき，着地前後の軌道や着地位置のアニメーション映像を再構成する機能も含まれています（撮影した動画をそのまま再生するわけではない）．選手は判定に誤りがあったと思ったときに「チャレンジ」し，Hawk-Eyeの判定を参照する権利を複数回与えられる，という形式で運用されています．

テニスはルール上ボールの着地点と各種ラインの位置関係が重要で，線審が着地点を目視して判定します．

15大会における1473回のチャレンジを含むデータに基づき解析した論文［101］［102］が公表されています．その論文によると，まず線審の判定精度は選手よりも高く，しかもかなり良いことが示されています．しかし，ラインから100mm以内に着地したボールの8.2％を誤判定してしまい，その理由として線審（人間）の認知的機能の限界を挙げています．そして，「1セット当たり2回までのチャレンジ」はこの不可避な誤判定を埋め合わせるのに十分なルールであり，選手には判定に疑問を持った場合に直ちにチャレンジすることを推奨しています．

テニス同様ネットスポーツであるバレーボールでもHawk-Eyeを活用したチャレンジ制度が2014年から正式採用されています．テニスとは異なり，ボールとの接触やラインの踏み越しなど画像が必要な判定では高速度カメラの映像を参照します．

ここまでは映像による判定技術を紹介してきましたが，もちろんそうでないものもあります．フェンシングはヨーロッパでの剣を用いた戦闘を競技化したものですが，その有効な打撃の判定は肉眼での判定が非常

に難しいものでした．そこで考案されたのが，電気を利用した判定システムです．剣と金属製の防具が接触すると電気回路が完成し電流が流れ，それを判定する，という原理です．電気回路の導通を用いたこのしくみは映像よりもずっと原理が単純であったため，フェンシングの 1 種目であるエペでは 1936 年と非常に早い時期に実用化されています（フルーレ，サーブルはそれぞれ 1955 年，1992 年）[103] [104]．

　こうしたビデオや科学技術に補助された判定を伴う競技は年を追うごとに増加しています．そんな中，世界で最も人気があり，誤審の影響が大きいにもかかわらず判定へのテクノロジーの導入に消極的だった競技があります．──もちろん，サッカーです．

⚽ テクノロジーは「疑惑の判定」を根絶できるのか？

　ハーストのゴール以外にも，サッカー史上物議を醸した判定はたくさんあります．ワールドカップでの有名な事例はなんといってもマラドーナの「神の手」ゴールでしょう．

　FIFA ワールドカップ 1986 年メキシコ大会準々決勝，アルゼンチン対イングランド戦．0 対 0 で迎えた後半 6 分，パスをつないでゴール前に抜け出したマラドーナは浮き球に対して飛び上がり，イングランドのゴールキーパー，シルトンと競り合います．どちらかの選手に当たってボールはゴールへ．審判はゴールを認めますが，イングランドの選手はマラドーナのハンドを主張します [105]．

　中継映像や写真はマラドーナがハンドの反則をしていたことを明らかにしました．マラドーナの拳がゴールを決めたのです．

　後から映像を振り返り，あれは誤審であったと判定することは難しくありません．**問題は，試合に臨んでいる審判や副審はそういった映像の**

助けを借りることができなかったことです. また, この試合の主審と副審の間にはコミュニケーションの誤りがあったことが双方の発言から示唆されています [106].

　観客が試合観戦中リプレイ映像を見ることができない時代であれば問題ないかもしれません. テレビ中継の視聴者は誤審に気づき怒るかもしれませんが, それは現地には届かないので, ひとまず騒動は試合後に持ち越されます.

　しかし, 試合会場に大型ビジョンが設置されてリプレイが繰り返し流される, 観客は携帯テレビでテレビ中継を見ることができる, 近年ではスマートフォンで配信を見ることができる, という状況です. このような状況下では, 試合会場の中で判定のための情報を再確認できないのはピッチ上の選手と審判のみとなってしまいます. 判定のための正確な情報を得るべき審判がそれを持ちえず, リプレイを見ることができる観客からの批判を浴びてしまいます. 審判は会場のリプレイ映像で自身の誤りについて気づくかもしれませんが, そういった判定はルール上許可されていなかったのです.

　一つの転換点となった誤審は2010年南アフリカ大会のイングランド対ドイツ戦です. イングランドのランパードがゴール正面ペナルティエリアの直前から放ったシュートがクロスバーに当たり, ボールがゴールの中に入った後ピッチ内に戻ってきました. リプレイ映像はボールがすべてゴールに入っていることを写していましたが, 審判はシュートの時点で立っていた位置からは判断が難しかったのか, このゴールは認められませんでした [107]. 偶然にも1966年と同じイングランド対ドイツ (1996年は西ドイツ) の対戦で, 実況が「1966年のウェンブリー(当時の試合会場) の再来!　ハーストはゴールを認められたがランパードは

南アフリカでゴールを認められず！」と叫んでいるのが興味深いです.

　この 2 年後にゴール判定を補助する技術の利用が承認されたのですが,当時の FIFA 会長がこの誤審が転換点であったと語っています [108].同時に,両ゴール横にゴール判定のための審判を配置する審判 5 人制も承認しています（審判 5 人制は 2009 年以降いくつかの大会で試験的に採用されていました）.これは誤審に対してテクノロジーによる補助と,あくまでも人間による判定で完結させる両方の方針を保持したかったためだと考えられます.

　各国リーグでの運用と課題点の洗い出しを数年経過したのち,ついに2018 年のロシア大会からワールドカップでのビデオ判定が採用されます.サッカーでのビデオ判定システムは Video Assitant Referee（VAR）と呼ばれ,その名の通り主審を補助することを目的としています [109].導入当初,VAR ではゴールかどうかの判定時間がゴールの興奮を冷ましてしまう,などの批判がありました.しかし,これまでであれば議論を呼ぶような判定について映像を活用した判定が下されるようになり,おおむね VAR はサッカー界に受け入れられ,導入当初のような批判は少なくなっているようです.

　1966 年や 2010 年の事例を正確に判定する技術としてはゴールラインテクノロジー（Goal Line Technology, GLT）と呼ばれるシステムを導入しています.GLT の提供会社は Hawk-Eye Innovations.ここまで読んでいただいた皆様ならすでにご存じの,テニスの判定システムを開発した会社です.ついにサッカーの審判もテクノロジーに助けてもらえる時代が来たのです.

　GLT を一躍有名にしたのは,日本ではなんといっても 2022 年カタール大会日本対スペイン戦の日本の勝ち越しゴールでしょう.ゴールライ

ンから外に出たかに見えたボールを三笘選手が左足でゴール前に折り返し、そこに田中選手が突っ込みゴールとしたシーンです。2022年大会ではボール位置の計測にカメラだけではなくボール内に内蔵されたセンサ（慣性計測ユニット，Inertial Measurement Unit, IMU）も活用していることが事前に公開されていました [110]。センサがボール内部の中心に、ボールの内壁と複数のひもでつながっているしくみです。センサの充電は無線充電システムで実現されています。IMUは小型化が進み、すでに私たちの多くはスマートフォンに内蔵されたものの恩恵を受けています。これらの技術はゴールの判定だけではなく、オフサイドの判定の精度も向上させるものです。

1966年, 2010年の事例でもわかるように、そもそも「空中に仮想的に作られた平面をボールがすべて超えたかどうか」は人間が目視で判定することが非常に難しいものです。さらに三笘選手のプレイは正確な位置で撮影された映像であっても判定が容易ではない事例でした（あのプレイの瞬間の証拠として有名な写真が撮影されたのは、ピッチ上空50メートルの位置に架けられた幅1.5メートルほどの通路からで [111]、そこにカメラマンを配置できるのは特別な大会に限られます）。このようにボールの位置を技術のアシストで正確に測定・判定できるようになったのはサッカーという競技における大きな足跡の一つでしょう。

しかし、**技術の介入によっても、議論を呼ぶ判定がすべてなくなるわけではない**ことを指摘して本章の締めくくりとしましょう。そのためには誤審や議論を呼ぶ判定が起こるしくみを分析する必要があります。

スポーツにおける判定は以下の順序で行われます。

● 審判が事象を観測する

● 観測した事象をルールと照らし合わせ，判定を下す

したがって，審判の判定に対して議論が起こる原因は大きく以下の二つです．

● 審判が事象の観測に失敗する
● 審判のルールの理解に誤りがある．またはルールに解釈の余地がある（そもそもルールが明確ではない）

技術で精度が向上するのは「事象の観測」の部分です．特に，選手やボールの位置，速度などを正確に計測することができます．そして，いったん位置などが正確に計測されれば，それらの量に対して明確に記述されているルール，例えば「ゴールラインをすべてボールが通過した場合にゴールとする」，は誤審の余地なく正確に判定することができます．

しかし，後者の「ルールに解釈の余地がある」場合，プレイが正確に計測された場合でも審判によって異なる判定が下される可能性があります．例えば，サッカーでの「決定的な得点機会の阻止（Denying an Obvious Goal Scoring Opportunity, DOGSO）」の 4 つの要件は，

● 要件 1：反則とゴールとの距離
● 要件 2：プレイ全体が相手ゴールに向かっているかどうか
● 要件 3：守備側競技者の位置と数
● 要件 4：ボールをキープできる，またはコントロールできる可能性

です．それぞれの条件は，何メートル以内，守備選手が何人，ボールと

選手の相対速度が何m/s以下なら……のような明確に量で表されるようにはなっていませんし，そもそもそういった条件をすべてルールブックに書いておくことは不可能です．審判はどういった事例が反則に当たるのかを具体的な事例を伴って判定する訓練をしますが，それでもすべての審判の判定基準が一致することはあり得ません．こうして，議論を呼ぶ判定はなくなる日はやってこないと思われるのです．

75ページの"sports"の定義に戻ってみましょう．実際に体を動かす人が面白く感じ，さらにそれを見ている人も楽しめるように先人たちが改良を重ねてきたのが現在のスポーツの形です．ただの楽しみの割にはずいぶんと人材も労力も技術もお金もつぎ込んでいて，そういったことをやめられなかった・やめられない私たち人間というものが，私は大好きです．私たちスポーツファンにとっては選手や審判は素晴らしい楽しみを見せてくれるかけがえのない存在だ，ということを忘れずに，入れ込んで熱くなることもほどほどに，これからもスポーツファンであることを楽しみたいと思います．

第 **4** 章

「順序をつける」巧みな方法
さまざまなレーティング・
ランキング手法

日本ガイシホール［日本，名古屋市］（2018年10月）

バレーボールの世界大会は日本開催が多く，2018年の世界選手権は横浜，名古屋を含む6都市で開催．写真は日本対ドミニカ共和国戦．正式名称は「名古屋市総合体育館」，命名権を取得していただいた「日本ガイシ」は名古屋市瑞穂区に本社を置く世界最大級のセラミックスメーカー．

　多くのスポーツは1試合のみではなく，複数の試合で構成された大会が開催されます．サッカーであればワールドカップ，野球であればワールド・ベースボール・クラシック．多くの競技ではオリンピックが世界最高峰の大会と位置づけられているのに加え，競技ごとの世界選手権が開催されています．

　規模が小さい場合は大会の参加者は招待などで決められますが，規模が大きくなると公平な予選の運営が必要となります．強いチームを予選の最初から参加させる必要はありませんから，強さの順位，つまり**ランキング（ranking）**がうまく作られている必要があります．

　本章ではさまざまなランキング作成手法を，過去のうまくいかなかった事例・うまくいっている事例だけではなく，数学的な背景もあわせて述べたいと思います．

4.1 均衡した日程・不均衡な日程

　多くのスポーツでは参加チームが総当たりするリーグ戦形式が採用されています。全チームの対戦相手が同じ場合は勝利数，勝率や勝点で順位を定めることには異論の余地がほとんどありません。多くのプロサッカーリーグは2回戦総当たりのリーグ戦での勝点で順位を定めます。こういった試合日程のことを**均衡した日程（balanced schedule）**と呼びます。

　それに対し，**不均衡な日程（unbalanced schedule）**は，各チームが対戦する相手や試合数が異なることを指します。

　北米の四大プロスポーツリーグ（アメリカンフットボール，バスケットボール，野球，アイスホッケー）はそれぞれ広い国土に多くのチーム（30チーム程度）が所属しています。伝統的に2つのリーグ（またはカンファレンス）に分かれており，さらに4から8チーム程度で構成される地区（division）が複数含まれる構成です（表4.1）。

表4.1　北米四大プロスポーツリーグ構成

リーグ名（競技）	チーム数	リーグ／カンファレンス	地区数	試合数
NFL（アメリカンフットボール）	32	AFC, NFC	8	17
NBA（バスケットボール）	30	Eastern, Western	6	82
MLB（野球）	30	AL, NL	6	162
NHL（アイスホッケー）	32	Eastern, Western	4	82

　これらのリーグでは同地区チーム間の対戦は多く，他地区および他リーグ（カンファレンス）チーム間の対戦は少なく設計されています。経

緯は競技ごとに異なりますが，複数設立されていたプロリーグが消滅や合併を繰り返して現在の形式に至ったことが影響しています．

　特に注目してほしいのはNFLで，チーム数より1年間に開催できる試合数が少ないのです（アメリカンフットボールは選手同士の直接の接触が非常に多く体力回復などを考慮して，1週間当たり1試合程度です．異なる曜日での試合開催など，試合間隔を短くする変更があった後には怪我の増減について調査結果が報告されています [112] [113]）．これでは1シーズンでの総当たりは不可能なので，数年ごとに対戦相手がローテーションするしくみを採用しています．あるチームが他カンファレンスのチームをホームに迎える試合が8年ぶり，ということがあり得るのです．

　したがって，単純な勝利数のみで順位を定めるのは不合理です．たまたま対戦した相手が弱いチームばかりなのかもしれません．そういった批判があるためなのか，これらのリーグではポストシーズン（プレイオフ）のしくみを採用しています．通常の試合で地区1位やリーグ内上位チームのみを選抜し，ポストシーズンではトーナメント形式で優勝を争うのです．通常の試合と呼んだ試合はポストシーズンと区別するためレギュラーシーズンと呼ばれます．

　リーグの最終目的として重要なのは各シーズンのチャンピオンを決めることです．レギュラーシーズンで地区ごとに強かったチームを選抜した後でトーナメントで1チームを残す方法は，レギュラーシーズンで長期的な強さを，ポストシーズンで短期的な強さをはかることができます．また，ポストシーズンは優勝や敗退が決まる試合がいつになるのかが事前に（大まかにでも）わかることが多く，中継を楽しむ多くのファンの需要を満たすことにも成功しています．例えば，NFLのチャンピオン決

定戦であるスーパーボウル（Super Bowl）は毎年2月上旬の日曜開催が固定されており，北米のみならず世界的にきわめて高い注目度を誇る一大イベントとなっています.

さて，チャンピオンを決めるだけであれば，最終的にトーナメント形式を採用すれば良いことはわかります. しかし，それ以外のチームの順序を決めるためにはいったいどうすれば良いのでしょうか？ 一つのプロリーグだけを見ると，NFLのようにチーム数が試合数よりも多いことは珍しいように思われます. しかし，大学や高校の学生スポーツ，各国代表が参加する大会などまで含めると，むしろ均衡した日程で総当たり戦を行える大会が珍しいことがわかります.

4.2 日本が9位!? 初期FIFAランキングの欠陥

サッカー日本代表がワールドカップ初出場を決めたのは1997年11月，本大会は1998年に開催されました. FIFA（国際サッカー連盟. 世界のサッカー競技の統括機関）が加盟国・地域のランキングを制定・公開したのは少しさかのぼる1993年です.

このFIFAランキングでの日本の最高位はなんと9位！ 1998年2月のランキングでした. 日本がワールドカップで対戦することが決まっていた，当時出場11回，優勝2回を誇るアルゼンチンは17位でした. ランキングの不備は明らかです.

この原因はランキングの設計方法にありました. 1993年に制定されたランキング方法では，対象となる国際試合の勝利に3点，引き分けに1点，

敗北に0点を与え，これを一定期間合計した値（ランキングポイント）の順にランキングとしていたのです [114]．日本はアジア予選や強化のための親善試合で多くの試合をこなしたことで多くのランキングポイントを獲得できたわけです．しかし，日本の対戦相手の多くはアジア各国で，本場である欧州や南米各国との実力差は明らかでした．大陸予選のほぼすべての国が強豪である南米とは事情が異なります．FIFAランキングとして採用されたのはリーグ戦と同様の勝点制度で，均衡した日程では問題ないものでした．しかし，代表チームでは各国の試合数や対戦相手の実力が大きく異なる不均衡な日程であることが見過ごされており，かつそれが大きな影響を与えてしまったのです．

こうした批判を受け，1999年以降FIFAは繰り返しランキング制度の改訂を実施しています．2023年時点のランキングは2018年に採用されたものです．

4.3 特定国の優遇
——バレーボール（旧）世界ランキング

批判が多かったランキング制度の例としてもう一つ，バレーボールの世界ランキング（FIVBランキング）を取り上げます．この制度は2020年まで採用されていました．

FIVBランキングでは，国際大会の最終順位に基づいて獲得ポイントが決められていました（**表4.2**）．このポイントの一定期間の合計順をランキングとしていました．

表 4.2　FIVBランキングポイント（2020年まで. 抜粋）

順位	大会名				
	オリンピック	ワールドカップ	世界選手権		大陸選手権
			男子	女子	
1	100	100	100	100	30
2	90	90	90	90	26
3	80	80	80	80	22
4	70	70	70	70	18
5	50	50	62	58	10
6	—	40	56	—	14
7	—	30	50	50	10
8	—	25	—	—	5
9	30	5	45	45	—
10	—	5	—	—	3
11	20	5	40	40	—
12	—	5	—	—	—
13			36	36	2
15			33	33	—
17			30	30	
21			25	25	

　バレーボールで最も規模が大きい大会は世界選手権です. 有名なのはオリンピックですが, 本戦出場国が12と規模で劣ります. そしてもう一つの世界大会として「ワールドカップ」があります. 名前が若干紛らわしいのですが, バレーボール界では3番手の国際大会であり, かつ日本のテレビ局とタイアップし必ず日本で開催されるという, 日本でのバレーボール人気を活用した大会という側面が強いものです. このほかにも毎年上位国が世界各地で試合を行うネーションズリーグ（Volleyball Nations League, VNL. 過去の名称は World League（男子）, World Grand Prix（女子））も開催されています.

　表および各大会の設計から, このランキングの問題点が読み取れます.

　まず 1 点目は順位と付与ポイントの関係です．世界大会では 1 位から 4 位がすべて 100 点から 10 点刻みで設定されていますが，この根拠が乏しいのです．この設定では 2 位から 1 位に上がる努力と，4 位から 3 位に上がる努力の量が同じであると評価していることになります．直感的には 2 位から 1 位の差を大きくし，1 位の価値をより大きくするべきです．このことは後述のプロテニスのランキング手法（適切なランキングの例. 131 ページ）で詳しく説明します．

　もう一つは各大陸に割り当てられている出場枠です．特にワールドカップが顕著なのですが，この大会では他の国際大会での実績に劣る大陸であっても平等に 2 枠が割り当てられています．開催国と前年世界選手権優勝国にはそれぞれ出場枠が割り当てられています．したがって，日本は実力が劣る数か国と必ず対戦があり，この大会ではかなりの頻度で 8 位（25 ポイント）以上の成績を達成できています（男子 10 回／14 大会，女子 13 回／13 大会. 2019 年まで）．一方で実力が近いチームが多いヨーロッパからも 2 枠ですので，この大会からヨーロッパへ持ち帰られる総ポイントは多くありません．

　こういった，出場枠と実力分布の不均衡が，順位によるポイントの合計という設計方法と重なると，特定の地域を過大評価・過小評価するランキングができ上がってしまいます．

　ただ，こういった**ランキングの不具合がいったいどの程度なのか？** を明らかにするためには，より合理的な手法により各チームの実力を評価し，実際の試合結果との隔たりを計算・比較する必要があります．これについては 170 ページ以降で詳しくお話しします．

複数種目をどうやってまとめて評価するか?

複数の異なる種目の結果を一つにまとめる競技(混成種目,複合種目)があります.まとめ方によってはどの種目が得意な選手が有利になるのかが異なります.

トライアスロンは水泳,自転車,そして長距離走を組み合わせた種目ですが,3種目すべてが同一の基準,つまり所要時間で評価されます.水泳のスタートから長距離走のゴールまで,種目の切り替えも含めて続けて実施され,最初にゴールした選手が優勝とわかりやすいルールです.水泳のメドレーリレー(背泳ぎ,バタフライ,平泳ぎ,自由形)も同様に4つの泳法を続けて実施し,総所要時間で競います.クロスカントリースキーのスキーアスロンは二つの異なる走法(クラシカル,フリー)を連続で実施し,最初にゴールした選手が優勝です.二つの走法ではスキー板が異なるため交換が必要で,この点はトライアスロンと似ています.アルペンスキーの複合は滑降と回転を別に実施し,所要時間の合計の最も短い選手が優勝です.これらは同一の量(時間)の合計ですのでわかりやすいですが,差が付きやすい種目や,得意であると有利な種目があり得ます.

記録の単位が異なる複数の種目を複数行うものもあります.

陸上競技では,トラック競技(100m走など)とフィールド競技(走り幅跳びなど)の10種目をひとりで行う十種競技があります(女子は七種競技が一般的).トラックとフィールドでは記録され競われるのは時間と距離で単位が異なるので,これらを一つの量にまとめなくてはなりません.この際利用されるのが以下の式です [115].

トラック種目：$A \times (B - T)^C$, A, B, C は定数, T は記録（時間）(4.1)

フィールド種目：$A \times (D - B)^C$, A, B, C は定数, D は記録（距離）(4.2)

A, B, Cは競技ごとに異なる値です．特に注目したいのはCの値です．$C = 1$の場合記録と得点の関係を図示すると直線（一次関数）となりますが，これを境に$C > 1$と$C < 1$では様子が異なります（**図4.1**）．$C > 1$ではある程度の記録まではポイントがあまり増えませんが，一定の基準を超えると少しの記録の改善が大きなポイント増につながります．$C < 1$ではその逆です．どちらがこの競技の評価に適しているかというと，もちろん前者です．**100m走の記録を0.1秒改善するのに，15.1秒からと10.1秒からのどちらが難しいかを想像すれば答えは明らかです．**

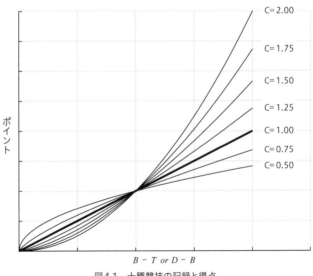

図4.1　十種競技の記録と得点

実際，十種競技のポイント表ではCはすべて1より大きい値です．トラック種目ではより大きく（1.8前後），跳躍種目では中間（1.4前後），投てき種目では1に近い（1.1前後）となっています．A, B, Cの値は，制定当時の世界記録でおよそ1000点，満点を10000点と想定して制定されました．現在では各種目の世界記録で獲得できるポイントをすべて合計すると12000点を超えます．A, B，およびCの値を自由に選べることは，種目間の影響を均一に近づけられる余地があることを示しています．

　同様に，二つの異なる技術をまとめて実施する競技は他にもあります．

　ノルディック複合はスキージャンプとクロスカントリースキーの両方を行う競技です．競技形態はいくつかあるのですが，スキージャンプの得点を時間に換算し，その時間差でクロスカントリースキーを実施するグンダーセン方式が一般的です．クロスカントリースキーの距離は年々短くなり，スキージャンプも2回から1回と選手の負荷を軽減し試合時間を短くする傾向です．それに伴い，前半のジャンプでのタイム差がつきにくい方向にルールが適宜修正されています．

　冬のスポーツでは射撃とクロスカントリースキーを同時に行うバイアスロンもあります．選手は銃を担いでスキーで走り，射撃場で的を狙って射撃します．スキー走行で心拍が上がった状態で，静止と精度が必要な射撃を行うことがこの競技の醍醐味です．このように，スキーで走る力と射撃のうまさを競う競技ですが，射撃での失敗はスキーの走行タイムに加算，または余分に走る（射撃場の近くにペナルティ・ループと呼ばれる専用路が用意されている）のように反映されます．

　こういった形式の極めつけは近代五種です．フェンシング，水泳，馬術，射撃，クロスカントリーの5種目を1名の選手が実施する競技で，戦地で兵士に必要とされる要素から着想を得たクーベルタン男爵が競技化

を提案したと言われています [116]. クーベルタン男爵は近代オリンピックの創立者でもあり,オリンピックとは非常に縁が深い競技です. 2008 年の北京オリンピックまでは 5 つの独立した種目を実施していましたが,2009 年以降は射撃とクロスカントリーは「レーザーラン」に統合されました. これはクロスカントリーの走行中にレーザーピストルの射撃場がある,バイアスロンと似た競技です. レーザーランの前に他の 3 種目を実施し,それぞれを得点化したのちレーザーランのスタート時間の差に換算します. これはノルディック複合のグンダーセン方式と似ています.

どの競技も複数種目をいかに組み合わせるのか,を工夫しており,特にゴールで勝者が決まる瞬間をわかりやすくしたい,という工夫が目立ちます.

各種目の順位に着目した複合競技もあります. 正反対の特徴を持つと思われる 2 競技を紹介します.

一つ目は 2021 年に開催された東京オリンピックで採用されたスポーツクライミングです. スポーツクライミングは突起物(ホールド)が取り付けられた壁を登る競技ですが,要求される能力が異なる 3 つの種目が含まれています. 世界選手権などでは異なる種目として実施されますが,オリンピックでは 3 種目の成績をあわせて評価する 1 種目として実施されました. 含まれる 3 種目は以下です [117].

- スピード:あらかじめホールドの位置が公開されている壁を所定の高さまで登る時間を競う
- ボルダリング:高さ 5 メートル以下の壁に設定された複数のボルダー(コース)を制限時間内にいくつ登れたかを競う
- リード:ロープで安全が確保された競技者が十数メートルの壁に設

定されたコースを登り，その到達高度を競う

　ホールドの位置などは大会ごとに主催者が設計するため，事前にどの程度の範囲にばらつくのかが予測できない要素があります．したがって，それぞれの達成度を得点に換算することは容易ではありません．

　そこで，これら3種目の成績をまとめて評価する手法として採用されているのが「**各種目の順位の積の小さい順**」です．この指標では2位から1位に上がったときの評価の上昇量は，4位から2位，8位から4位，16位から8位，……に上がったときの評価の上昇量と等しくなります．下位から順位を上げることは簡単ですが，上位からさらに順位を上げることが難しいことがきちんと反映されています．

　二つ目として紹介するのはフィギュアスケートの団体戦で，スポーツクライミングとは逆の性質を持ちます．オリンピックでは2014年のソチ大会からはじまった種目です．フィギュアスケートには4つの種目（男子シングルス，女子シングルス，ペア，アイスダンス）があり，各国それぞれの種目の演技を競いチームとしての順位を定めるものです．競技は個人種目とは別に開催されます．また，各種目は時間の異なる2つのプログラム（ショートとフリー）を含みます．個人やペアでは同じ選手が合計点で順位を競いますが，これに対し，団体戦ではショートとフリーを異なる選手が演じることが許可されています．

　フィギュアスケートではそれぞれのジャンプの難易度や滑りの質が数値化され，合計点で順位を競います．団体戦では単純にそれを合計すればいいのでは？と思うのですが，各種目で得点分布にばらつきがあるため適切ではありません．図4.2に2022年北京オリンピックでの各種目上位選手のショートとフリーの得点を示します．

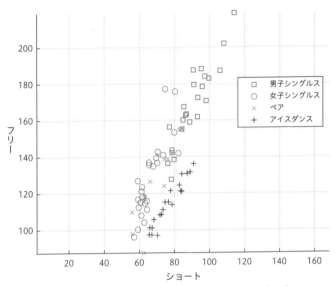

図4.2 フィギュアスケートの得点（2022年北京オリンピック）

　図からは，時間の長いフリーの得点が大きい（ショートの約1.5倍から2倍）ことや，種目間で得点のばらつき方が異なることがわかります．特にシングルスのフリーは選手間の得点差が大きく，もし団体戦を単純な合計点とすると，ここでついた点差をアイスダンスで挽回することは容易ではありません．

　実際の団体戦で採用されているのは順位を順位点に換算し，4種目8回の演技それぞれの順位点を合計する方法です．まず出場する全チーム（10チーム）が4種目のショートを演技し，1位から順に $10, 9, 8, \cdots\cdots, 1$ 点を得ます．ショート終了時点での上位5チームのみがフリー演技に進み，フリーでも1位から順に $10, 9, \cdots\cdots, 6$ 点を得ます．

　さて，この採点方式ですが，これまでに紹介した十種競技やスポーツ

クライミングの発想とは全く逆であることがわかります．10位から9位に上がることと，2位から1位に上がることの価値が同じなのです．さらに，個人種目ではフリーの得点が重視されるのに対し，団体ではショートの順位が非常に重要になります．なぜなら，ショートでの順位点は最大で9点差がつきうるのに対し，フリーでは最大4点です．すると何が起こるかというと，ショートの4種目のうち一つでも順位が低い種目が全体の順位を大きく左右し，フリーでは順位がほぼ確定して逆転が起こりにくくなります．

表4.3は上位5チームの各種目の順位点です．列は種目の実施順序で，左から右の順です．すべて3位以内のROC（ロシアオリンピック委員会チーム）が圧倒的な金メダルであるのに異論はありませんが，日本，カナダ，中国の3チームはそれぞれショート（アイスダンス，男子シングルス，女子シングルス）でついた点差をフリーで挽回できませんでした．特に日本はアイスダンスのショートでアメリカとついてしまった6点差を，フリーの3種目（男子シングルス，ペア，女子シングルス）で順位では上回りつつも逆転できませんでした．

表4.3 チームの順位点（2022年北京オリンピック）

順位	チーム	ショート				フリー				合計
		M	D	P	W	M	P	D	W	
1	ROC	8	9	9	10	9	10	9	10	74
2	アメリカ	10	10	8	6	8	6	10	7	65
3	日本	9	4	7	9	10	9	6	9	63
4	カナダ	3	7	6	8	6	7	8	8	53
5	中国	5	6	10	1	7	8	7	6	50

M：男子シングルス，D：アイスダンス，P：ペア，W：女子シングルス

一つ実験をしてみましょう．個人種目ではフリーはショートよりも得

点が2倍程度に大きいことに着目し，団体戦でのフリーの順位点を10,
8, 6, 4, 2 と変更してみます．一つの順位差をショートの2倍としました.
こうしてみた結果が**表4.4**です．この順位点の基準では，フリーの3種目
でアメリカを上回った日本が全体の順位点でも上回り，銀メダルを獲得
できていたことになります．もちろん，配点が異なれば起用する選手や
それぞれの選手の目標が異なりますので，この通りになっていたかどう
かはわかりません．

表4.4　フリーの順位点を変更した場合（2022年北京オリンピック）

順位	チーム	ショート				フリー				合計
		M	D	P	W	M	P	D	W	
1	ROC	8	9	9	10	8	10	8	10	72
3	アメリカ	10	10	8	6	6	2	10	4	*56*
2	日本	9	4	7	9	10	8	2	8	*57*
4	カナダ	3	7	6	8	2	4	6	6	42
5	中国	5	6	10	1	4	6	4	2	38

M：男子シングルス，D：アイスダンス，P：ペア，W：女子シングルス

　他の競技で合理的と思われる基準とも異なり，かつ自らの競技内でも
矛盾するようなフィギュアスケート団体戦の順位点制度ですが，この制
度を正当化できるような理由が何かあるのでしょうか？　ここからは公
式の見解を見つけられていないため著者の独自見解となりますが，まず
前提として**種目を増やすことでオリンピック内での注目度を上げようと
する**意図が感じられます．オリンピックは放送権売買で利益を得るしく
みとなっているため，たくさん中継を見てもらう必要があります．競技・
種目数は拡大傾向ですが，不人気種目が除外され始めるなど，人気の維
持は各競技にとって死活問題です．そこで，競技内での種目数を増やせ
ば，元からの競技ファンはもちろん視聴者として期待できます．さらに

「国別対抗戦」となると，それぞれの競技を知らないファンでも自分の国の勝敗には関心を寄せてくれるかもしれません．こういった背景から，国別対抗戦としての団体戦を設立する目的が正当化できます．

　そしてその団体戦の順位点ですが，これは意図的に選手の負荷，特に団体戦でフリーに出場する選手のものを軽減する効果があるのではないでしょうか．団体戦は新設された種目です．フィギュアスケートは個人種目として長い歴史を持ち，現在でもそちらがメインと考えられています．団体戦に選ばれた選手はもちろんチームのために演技してくれるのですが，そのあとに控えている個人戦に大きな影響を残してはいけません．ショートで事実上順位の大勢が決まってしまうルールにしておくことで，選手の負荷を考慮した団体戦とすることを狙っているのではないでしょうか．

4.4 トーナメント形式で順位をつけるには？

　トーナメント形式は1位を決めるためには明快で試合数も少ない合理的な方法です．直接対戦したチームの間で，勝利したチームの方がより強いという比較の関係が成り立つとすると，「優勝したチームはその他のチームすべてに対してより強い」ことが成り立ちます．

　図4.3にAからHの8チームのトーナメントの例を示します．このトーナメントではAが優勝しています．

図4.3 トーナメントの例

　「x が y より強い」ことを記号 xSy で表すこととし，直接対戦して勝利したチームが強い，としましょう．そして，「x が y より強い，かつ y が z よりも強いとき，x は z よりも強い」とします．記号で書くと，

$$xSy \wedge ySz \to xSz \tag{4.3}$$

となります．$\wedge$ は「かつ」，$\to$ は「ならば」を意味する記号です．

　この条件で，優勝した A と他 7 チームの強さを比較しましょう．A は B, D，および E に直接勝利しているので，ASB, ASD, ASE がそれぞれ成り立ちます．C, F, G, H とは直接対戦していませんが，一例として H との強さを比較してみます．図より ASE, ESG, GSH がそれぞれ成り立つことと，式 4.3 を組み合わせると，$ASE \wedge ESG \to ASG, ASG \wedge GSH$

→ ASH が成り立つので,「A は H よりも強い」が成り立ちます.このようにして,A は他の 7 チームよりも強いことが確認できます.

この条件で,E と D の強さは比較できるでしょうか? 通常のトーナメントでは E は準優勝で D はベスト 4 とされますが,どちらも優勝した A と直接対戦して敗れており,強さの比較ができていません.トーナメントでは ASE と ASD であることはわかりましたが,これらから DSE と ESD のどちらが成り立つのかはわからないのです.

このように,トーナメント形式は全員の順位を定めることには適していません.これを解消するためにはいくつかの工夫が組み合わされます.

一つはトーナメントにおけるシードです.大会前に何らかの基準(直近に行われた他の大会の結果など)に基づき順序を定めておき,上位選手がトーナメントの早い段階で対戦しないようにします.例で言えば A と E に大会前のランキング 1 位と 2 位を配置する方法です.

他の工夫はその目的,具体的には決めたいのが一大会の順位なのか複数大会を通したランキングなのかで異なります.以下それぞれの例として,柔道の大会形式(敗者復活戦)とプロテニスの公式ランキングを紹介します.

🐎 3 位までを公平に決めたい場合 ──敗者復活戦の導入

オリンピックの柔道のトーナメント形式は敗者復活戦を導入しているものとして有名です.銅メダルまでを決める際に,トーナメント抽選の運をできるだけ排除しようという方式です.

2021 年に開催された東京オリンピックを例として説明します(具体例は [118] など).

- 各階級，最大 32 名の選手が出場し，最大 8 人の 4 つの小さなトーナメント（プール A からプール D）を構成する．その際，シード順位上位 8 名はプール内に 2 名，合計順位が 9 となる組み合わせ（1 位と 8 位，2 位と 7 位，……）で含まれ，シード順 1 位と 2 位は決勝戦まで対戦しないプール（A と C）に配置される

- 各プールのトーナメントを勝ち抜けた 4 名が準決勝に進出し，プールの準優勝者 4 名が敗者復活戦（Repechage）1 回戦に進出する

- 準決勝 2 試合と敗者復活戦 1 回戦の 2 試合を実施する．準決勝の勝者は決勝へ，準決勝の敗者は 3 位決定戦に進む．敗者復活戦 1 回戦の勝者も 3 位決定戦に進む

- 3 位決定戦 2 試合を実施し，それぞれの勝者が銅メダルを獲得．決勝を実施し，勝者は金メダル，敗者は銀メダルをそれぞれ獲得

　この方式ではベスト 8 まで勝ち抜けた選手のうち，決勝進出できなかった 6 名をさらに対戦させて，そこで負けなかった選手 2 名に銅メダルを授与しています．試合日程や大会の盛り上がりを考慮すると，決勝の敗者を含めた敗者復活戦を実施することは現実的ではありません．この方式はそれらの制約も取り込みつつ，トーナメント形式の欠点を補う巧みな方法です．

　（単純な）トーナメント形式は 1 度敗北するとその時点で大会から敗退ですが，敗者復活戦を行いそこで敗北したら大会から敗退する形式をダブルエリミネーション（double elimination. elimination =「敗退（除外）」）方式と呼びます．ここで説明した柔道の方式はダブルエリミネーション方式の一種です．

🐴 年間ランキングを決めたい場合
——合理的なポイント付与基準

　一つの大会では単純なトーナメントを実施し，3位以下の細かい順位を気にしないものの，ある一定期間の複数大会で作ったランキングを作りたい，という事例を紹介します．プロテニスのランキングです．ここでは男子のATPランキングを紹介します．数値などはすべてシングルスのものです．

　ATP（Association of Tennis Professionals）は男子プロテニスの統括団体で，世界各地で行われているテニス大会を統合した「ATPツアー」を管理しています．有名な四大大会（別名グランドスラム，GS）など，それぞれの主催者が開催している大会がATPツアーの一部と見なされ，ランキング対象でもある，という形態です．余談ですが，オリンピックは2016年以降世界ランキングの対象外となりました．

　ATPツアーに含まれる大会は本戦に最小24名，最大128名が出場します．各大会は規模や賞金額に応じて，大規模なものから順にグランドスラム，ATPマスターズ1000，ATPツアー500，ATPツアー250，……にカテゴリ分けされています．各大会の出場選手は招待選手，出場義務のある選手，予選勝利者などが含まれています．前年終了時のトップ選手はグランドスラム（4大会）やマスターズ（8大会）を含め，出場するべき義務のある大会数が定められています．

　各大会はトーナメント形式です．敗者復活戦はありません．大会出場を申し込んだ時点での世界ランキングに基づきシードが決まります．出場者中のランキング1位と2位は両端に配置され，決勝でしか対戦しません．3位は2位と準決勝まで対戦しない，4位は1位と準決勝まで対戦しない，……のように，実力上位選手ができるだけ大会の後半で対戦するよ

うにトーナメント表が決定されます.

そして, トーナメントのどこまで勝ち抜いたかで各選手にATPラン
キングポイントが付与されます. 大会規模と順位とポイントの関係（一
部）を表4.5に示します [119]. 一つの大会では8位と9位などの細かい
順位付けを行っていない点に注目してください.

表4.5 ATPランキングポイント表（一部抜粋）

規模	優勝	準優勝	ベスト4	8	16	32	64
GS	2000	1200	720	360	180	90	45
1000	1000	600	360	180	90	45	25
500	500	300	180	90	45	20	
250	250	150	90	45	20	10	

各選手のランキングは直前52週間（約1年）でのポイント上位19大
会の合計を原則としています. 注目したいのは, 表4.5で1勝するごとに
得点が2倍や5/3倍など, 一定に近い比率で増加している点です. この
ことは**トーナメント序盤よりも後半の1勝の重要度を非常に高く評価す
ること**を示しています.

そして, それぞれの規模の大会の開催数や上位選手の出場義務数を考
慮すると, 全体のランキングと各大会の成績をそろえて評価できます.
以下に紹介する分析 [120] [121] は2018年時点の分析で現時点とはルー
ルが若干異なることに注意してください.

表4.6はそれぞれの大会でのポイントと全体のランキングの対応を示
したものです. 例えば, ATPツアー500は13大会開催されているうち,
上位30名の選手は最低3大会出場義務があります. したがって, 全体の
4位までの選手が1名は参加していることが予想されます.

◆ 電子書籍・雑誌を読んでみよう！

技術評論社　GDP	検索

で検索、もしくは左のQRコード・下の
URLからアクセスできます。

https://gihyo.jp/dp

1 アカウントを登録後、ログインします。
【外部サービス（Google、Facebook、Yahoo!JAPAN）
でもログイン可能】

2 ラインナップは入門書から専門書、
趣味書まで3,500点以上！

3 購入したい書籍を 🛒 カート に入れます。

4 お支払いは「**PayPal**」にて決済します。

5 さあ、電子書籍の
読書スタートです！

電脳会議
紙面版

新規送付の
お申し込みは…

電脳会議事務局	検索

で検索、もしくは以下の QR コード・URL から
登録をお願いします。

https://gihyo.jp/site/inquiry/dennou

一切
無料！

「電脳会議」紙面版の送付は送料含め費用は
一切無料です。
登録時の個人情報の取扱については、株式
会社技術評論社のプライバシーポリシーに準
じます。

技術評論社のプライバシーポリシー
はこちらを検索。

https://gihyo.jp/site/policy/

技術評論社　　電脳会議事務局
〒162-0846　東京都新宿区市谷左内町21-13

表4.6 ランキングと予測ポイント

規模	大会数	ランキング						
		1	2	4	8	16	32	64
GS	(4/4)	2000	1200	720	360	180	90	45
1000	(8/9)	1000	600	360	180	90	45	25
500	(3/13)			500	300	180	90	45
250	(3/40)				250	150	90	45
予測値	(18)					2430	1260	650

この表からは全体ランキング32位の選手の予測ポイント数は1260であることがわかります。実際に図4.4に2010年1月から339週のランキング16位，32位，および64位のポイント数を図示します．

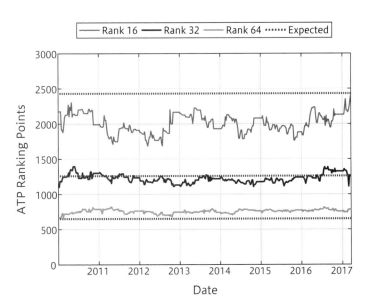

図4.4 ATPランキング16, 32, 64位の推移（2010年から2017年）

確かに，ランキング32位が1260ポイント付近で推移しています．16位は予測よりも低く，64位は予測よりも高く推移していますが，これは1勝の影響が上位ほど大きいことに起因しています．

さらに，ATPランキングでは「1勝ごとにポイントの比がほぼ一定である」性質があるので，対戦する選手間の実力差はランキングポイントの比で表せることになります．例えば，対戦する選手iとjのランキングポイントをそれぞれr_i, r_jとしたとき，

- 同じランキングポイントでは予測勝率が0.5
- ランキングポイントが大きくなるにつれて予測勝率が1に近づく
- 1への近づき方は単調（増える一方で，増えたり減ったりはしない）

のそれぞれの条件を満たすことが自然です．そういった関係を満たす式の一例として，

$$\hat{w}_{i,j} = \frac{r_i}{r_i + r_j} = \frac{r_i/r_j}{r_i/r_j + 1} = \frac{\pi_{i,j}}{1 + \pi_{i,j}} \tag{4.4}$$

を試してみます．図 4.5 に2009年から2018年のATPツアーの各試合に対し，上図は横軸にランキングポイント比 $\pi_{i,j} = r_i/r_j$ を，縦軸にそのランキングポイント比の試合での勝率を示しています．丸印が結果の勝率，破線が $\hat{w}_{i,j} = \frac{\pi_{i,j}}{1 + \pi_{i,j}}$ の値です（実線は後で説明します）．下図の縦軸は試合数です．図を見ると，ランキングポイントから予測した勝率（破線）と結果（丸印）はランキングポイント比が1/5から5あたりまでは非常に近いことがわかります．残念ながら，ランキングポイント比が大きくなると予想した勝率ほどは実際には勝てていません．ただし，ラン

キングポイント比が大きな試合は少なく（下図），大半の試合の予測勝率は $\frac{r_i/r_j}{r_i/r_j+1} = \frac{\pi_{i,j}}{1+\pi_{i,j}}$ で十分精度が良さそうです.

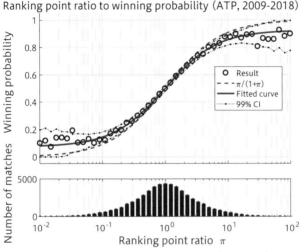

図4.5　ランキングポイント比と勝率の関係（ATPツアー）

ランキングポイントはWebサイトで簡単に確認することができますし，予測勝率の計算も足し算と割り算のみです．テニスファンが試合観戦前に対戦する両選手の力関係を見積もる用途としては十分でしょう.

ランキングポイント比が大きくなったときの現実のずれを表現するために，予測勝率を以下の式としてみます.

$$\hat{w}_{i,j} = c + (1-2c)\frac{r_i^\alpha}{r_i^\alpha+r_j^\alpha} = c + (1-2c)\frac{\pi_{i,j}^\alpha}{1+\pi_{i,j}^\alpha} \qquad (4.5)$$

ここで $c,\ \alpha > 0$ の値を調節することで予測のグラフの形状を変えるこ

135

とができます。cは予測勝率の最小値を表しており、「プロテニスツアーの本戦に出てくる選手間の対戦なので、実力差はあるといっても最小でこれくらいの勝率はあるだろう」という予想を表現するために導入されています。結果を見ると、実際にランキングポイント比が100倍程度あっても低いほうの勝率は0.1程度あります。故障や休養などでランキングポイントを失った実力者が復帰した試合が含まれていることが原因です。そして、αは予測のカーブの形状（上昇の緩やかさ）を調整する値です。

これらの値を、予測と結果と一番近くなるように調整したものが図4.5中の実線です。曲線の傾きが緩やかになり、最小勝率も表現されています。

このように、プロテニスの世界ではランキングが1年を通したツアーとともにていねいに設計・運用されているため、その後の試合結果を適切に予測できるようになっているのです。

4.5 公式ランキング認定，最大の番狂わせ！
——ラグビー世界ランキング

84ページで取り上げた、ラグビーワールドカップでの番狂わせについて再度触れたいと思います。試合前の両チームのランキングポイント差は13.09。この差を逆転した勝利はこの時点でのラグビーワールドカップ史上最大の番狂わせでした [122]。

図4.6に公式ランキング制定後の2003年から2015年の4大会での試合前のランキングポイント差と得点差の関係を示します。

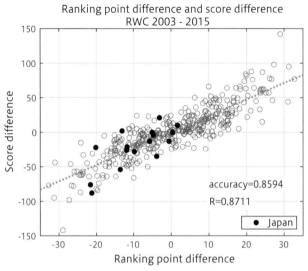

図4.6　ランキングポイント差と得点差（ラグビーワールドカップ）

　ランキングポイント差と得点差が非常に強い相関を示しています．ランキングが高いほうが勝利したのはなんと86％であり，ラグビーでいかに番狂わせが珍しいのかがわかります．塗りつぶした点が日本の試合で，ランキング下位チームが勝利した試合の中で最もランキングポイントが離れていた試合を含んでいることがわかります．

　さて，ラグビー世界ランキングがこのように試合結果と強い相関を示せているのはなぜなのでしょうか？　その秘密はランキングの作成方法にあります．

　このランキングでは各チームが持っているランキングポイントの差と試合結果を比較し，試合後にランキングポイントを交換します．公式サイトで紹介されている例を少し簡略化して説明します［123］.

　試合はウェールズ対スコットランド．ランキングポイントがそれぞれ 76.92 と 76.36 でその差が 0.56 の両チームですが，この試合の開催地がウェールズであったため，3 点加算した 79.92 として以降の計算を行います．

　ランキングポイント差 79.92 − 76.36 = 3.56 と，勝利した場合に交換されるポイントの関係を示した図を参照します（図 4.7）．この図から，もし勝利した場合は 0.64 が敗北チームから勝利チームへと移動します（ポイントを交換する）．さらに，15 点差以上の勝利や，試合の重要度に応じて交換量が何倍かされます．もし 15 点差未満の勝利で，ワールドカップなどではないテストマッチであった場合，試合後のランキングポイントはそれぞれ 77.56 と 75.72 になります．この試合はウェールズが 23 対 10 で勝利したため，この例に相当します．

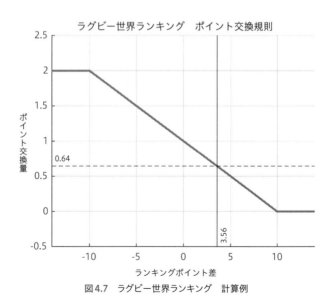

図 4.7　ラグビー世界ランキング　計算例

この手法の特徴は，実力差と試合後のポイント交換量が対応しているところです．実力差が大きいとき，上位チーム（ランキングポイント差が正）が勝利したとしてもすでに強いことはわかっていますから大きな修正は必要ありません．それに対し，下位チーム（ランキングポイント差が負）が勝利したとすると，それまでの評価が誤っていたこととなりますから急いで大きく修正しなくてはなりません．

こうした試合ごとの実力差の評価とそれに応じた調整を行うことで，ラグビーのランキングは高い性能を誇っているのです．

図4.7は「ランキングポイント差13.09」をどう評価しているでしょうか？　ランキングポイントが10以上大きい対戦で上位チームが勝利した場合，ポイントは交換されません．つまり，ランキングポイント差10を**「上位チームが必ず勝つとわかり切っているので，もし本当に勝ったとしてもランキングを修正しませんよ」**と言っているのです．そうすると，2015年で日本が起こした番狂わせの価値の大きさもよくわかります．

この手法の原型はすでに1970年代，一般的にはスポーツとは別と思われている分野で登場しました．次節はその話に移ります．

4.6 物理学者アルパド・イロとチェス
——イロ・レーティング

大学の物理学教授であり，かつチェスの名手でもあったアルパド・イロ（Arpad Elo）は今では彼の名前を冠した実力評価手法：**イロ・レーティング（Elo rating）**で知られています．

イロ・レーティングは試合ごとに次の処理を行います．

- 予測：試合前の対戦者間のレーティングから予測勝率を算出する
- 修正：予測勝率と実際の試合結果を比較し，レーティングを修正する

イロのオリジナル［124］に近い形でこれらを説明します（若干数式を使いますがご容赦ください）．

対戦するチームや選手を i, j で，それらの実力評価値を r_i, r_j で表します．これらの実力評価値を**レーティング（rating）**と呼びます．レーティングは大きいほうが強い，としましょう．そして強さの差は「対戦したときに予測される勝率」に対応するとします．すると，以下を仮定するとつじつまが合うようになります．

- 予測勝率はレーティングの差（$r_i - r_j$）で決まる
- レーティング差0のときの予測勝率は0.5である．これは「実力が等しい」状況を示している
- レーティング差が大きくなればなるほど予測勝率は1に近づく．近づき方は滑らかで，途中で予測勝率が小さくなることはない

この条件を満たす一つの式のグラフが図4.8です．数値はオリジナルのイロ・レーティングのものです．数式で表すと，

$$\hat{w}_{i,j} = \frac{1}{1+10^{-\frac{r_i-r_j}{400}}} \tag{4.6}$$

となります．ここで $\hat{w}_{i,j}$ は「i が j と対戦したときの予測勝率」を意味します．この式自体は高校の数学の範囲ですが，計算は電卓や表計算ソフトなどで実行できるものです．

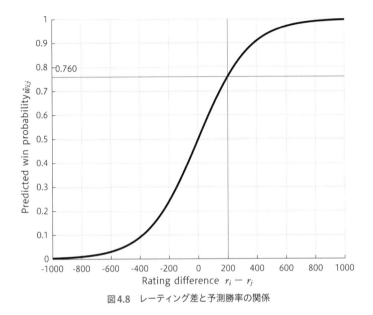

図4.8　レーティング差と予測勝率の関係

　例：チーム i と j が対戦し，レーティングがそれぞれ1650と1450の場合，予測勝率は $\hat{w}_{i,j} = 0.760$ です．

　これで「予測」が終わりました．その後試合を行い，結果を確認します．結果は $w_{i,j}$ で表し，i が勝利したときは1，敗北したときは0とするのが一般的です．引き分けが多いスポーツ（例えば，サッカー）の場合はその値として0.5としましょう．

　予測勝率 $\hat{w}_{i,j}$ と結果 $w_{i,j}$ がそろったら，以下の式でレーティングを更新します．左向きの矢印は右側の値で左側の文字の値を書き換えることを示しています．

$$r_i \leftarrow r_i + K \left(w_{i,j} - \hat{w}_{i,j} \right) \tag{4.7}$$
$$r_j \leftarrow r_j + K \left((1 - w_{i,j}) - (1 - \hat{w}_{i,j}) \right) \tag{4.8}$$

ここで K は試合後のレーティングの修正量を調整する値で，試合数が多い場合は $K = 16$，少ない場合は $K = 32$ が利用されます．この値が大きいほど 1 試合で修正される量が多くなり，レーティングの値が直前の試合結果の影響を強く受けることになります．

例：チーム i と j のレーティングがそれぞれ 1650 と 1450 であり，両チームが対戦し，試合前に強いと評価されているチーム i が勝利したとします．

$K = 16$ とすると，試合後に修正されたレーティングはそれぞれ

$$r_i \leftarrow 1650 + 16 \times (1 - 0.760) = 1653.8 \tag{4.9}$$
$$r_j \leftarrow 1450 + 16 \times ((1 - 1) - (1 - 0.760)) = 1446.2 \tag{4.10}$$

と計算されます．両チームの間で，敗者から勝者にレーティングが 3.8 移動しています．

逆に，弱いと評価されているチーム j が勝利したとします．試合後に修正されたレーティングはそれぞれ

$$r_i \leftarrow 1650 + 16 \times (0 - 0.760) = 1637.8 \tag{4.11}$$
$$r_j \leftarrow 1450 + 16 \times ((1 - 0) - (1 - 0.760)) = 1462.2 \tag{4.12}$$

と計算されます．両チームの間で，敗者から勝者にレーティングが 12.2 移

動しています.

この手法の巧妙なところは，予測と近い結果になった場合にレーティングの修正量が小さく，逆に予測と離れた結果になった場合はレーティングの修正量が大きくなるところです．予測に近い結果となった，ということは試合前の実力評価が試合結果と近いことを意味するので，レーティング値をそこまで修正する必要がなく，逆の場合はレーティング値を大幅に修正する必要があります．また，実力差が大きいと評価されている場合，強いと評価されているチームが勝利したとしてもレーティングは向上しません．これにより，ただ試合を多くこなすだけではレーティングが上昇しにくくなっています.

イロ・レーティングはチェスプレイヤーの実力評価を目的として提案され，実際にチェスの世界ランキング算出方法として採用されました．明確に数学的な根拠があり，かつ計算が難しくないので，さまざまな修正が加えられたものが広く利用されています.

4.7　スポーツのランキング事情

少し古い論文（2011年）ですが，スポーツでどのようなランキング方法が採用されているのかを網羅的に調査した結果が報告されています[125]．オリンピックで開催されている競技を中心に，159競技・種目のランキング手法を分類しています．分類結果は以下の通りです.

- **ランキングなし：60**
- **主観方式：2** 数学的な根拠を伴っていないもの
- **加算方式：84** 試合や大会の結果を数値化して，一定期間加算するもの
- **調整方式：13** 試合結果に基づき，ポイントが交換されるもの．特に交換の量が試合前の実力評価によって決まるもの

　加算方式には115ページで紹介された初期のFIFAランキングや，116ページで紹介したFIVBランキングをはじめ，ここまでで紹介したランキングの多くが含まれます．

　調整方式の代表例が直前で示したイロ・レーティングです．136ページ以降で紹介したラグビーの世界ランキングも，予測勝率のグラフの形が若干違いますが（折れ線にしてある），広い意味でのイロ・レーティングの仲間です．

　イロ・レーティングは近年さまざまな競技で採用が進んでいます．FIFAは女子ランキングを2003年から算出・公開していますが，採用されたのはイロ・レーティングを修正した手法でした．試合の重要度や得点差などが反映されるようになっています [126]．

　男子のFIFAランキングは最初期の反省を生かして何度か修正されました．対戦相手の強さを考慮する変更も加えられましたが，イロ・レーティングほど明快な方法ではありませんでした．しかし2018年，ワールドカップロシア大会以降に，ついに男子もイロ・レーティング系のランキングに変更されました [127]．特定国の優遇が組み込まれてしまっていたバレーボールのFIVBランキングも，2020年にイロ・レーティング系に改正されています．こちらの方法では勝敗のみではなく，獲得セット数

も含んでポイント交換量を算出することで，試合の勝敗の隔たり（margin of victory）もランキングに反映できるようになっています［128］．

4.8 横綱は「強さランキング1位」なのか？
──ランキングシステムとして見る大相撲番付

　大相撲はNHKで中継されるなど，日本を代表する人気競技です．大相撲の力士はそれまでの成績に応じて番付という形で順位がつけられています．番付は上位から横綱，大関，関脇，小結，前頭で構成される幕内と，それより下位の十両，幕下，三段目，序二段，序の口と続きます．幕内の人数はおおむね約40名で，序の口まで含めると600名を超えます．2か月に1回，年6回開催される大会（場所）は15日で構成されており，各力士は15回または7回他の力士と対戦（取組）します．

　幕内でさえも総当たりできませんので，各力士の実力を適切にはかりつつ，その場所での優勝力士を決めるために取組は柔軟に設計されます．原則として各力士は自分と近い番付の力士と対戦しますが，場所の終盤に勝利数が多い力士は番付に関わらず同様に勝利数が多い力士，または番付が上位の力士と対戦が組まれます．これは大会前にすべての対戦予定が決められている他の競技とは大きく異なる特徴です．

　場所後，勝敗数に応じて番付が修正されます．原則として勝ち越し数と番付の昇降数が対応するとされていますが，実際には上がりやすく下がりにくい傾向にあることが報告されています［129］．前頭以下では同じ順位の番付をつけないことと，横綱や大関に対する特別な規則の存在などがその原因として指摘されています．

　こういった,「番付の近い力士同士が対戦する」「勝敗数の差に応じて番付を上下させる」ことは, 先ほど紹介したイロ・レーティングの発想と非常に似ていることがわかります. 番付が実力の順序を適切に表しているのであれば, 自分自身の番付から見て上下に近い力士たちと対戦したときの勝率の平均は0.5に近いと予想されますし, その対戦での勝敗数の差はその番付から本当はどの程度離れているのかの目安になるはずです.

　大相撲の番付制度は発見的に設計されたものであるけれども, ランキングとしての性能は悪くない, ということがわかる例を紹介します. 論文［130］では公式の番付の他に,「過去1年間の対戦成績に基づき, 対戦相手を考慮した実力評価」を算出し, その予測性能を評価しています. レーティング更新の方法が若干異なりますが, イロ・レーティングと類似の方法です.

　図4.9の横軸と縦軸はそれぞれ場所の開催年と予測正解率です. 予測正解率はそれぞれの手法で上位と評価された力士が勝利した割合です. Proposed, Banzuke, Idealはそれぞれ論文で提案している評価手法, 番付, そして最も予測正解率が高くなる理想的な番付を場所前に設定できたと仮定した場合です. 論文の提案手法は確かに番付よりも予測正解率が高いですが, 番付との差はそこまで大きくありません.

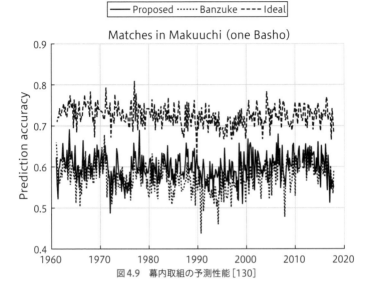

図4.9　幕内取組の予測性能 [130]

　図4.10および図4.11は論文での提案手法と公式番付の予測正解率を，幕内のみ，および序二段以上の全取組それぞれで比較した結果です．横軸と縦軸がそれぞれ論文での提案手法と番付での予測正解率，一つの点が一つの場所に対応しています．四角印は通算の平均です．どちらの比較でも論文で提案している手法は番付よりも予測正解率が平均して高いことを示しています．しかし，幕内ではその差が小さく，全取組では差が大きいことがわかります．このことから，公式番付は上位力士の実力評価は適切に行えているが，下位になると評価があまり適切でなくなることがわかります．原因の一つは負けたときの番付の変化の規則が特殊な地位，具体的には横綱および大関が存在することです．また，ケガなどで大幅に番付を落とした力士が復帰する場合は公式番付と実力に大きな差が生まれます．

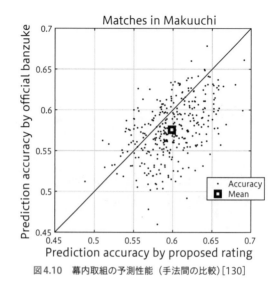

図4.10　幕内取組の予測性能（手法間の比較）[130]

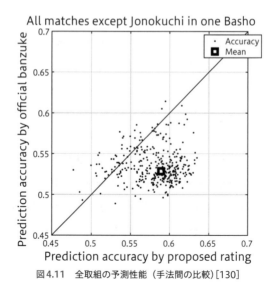

図4.11　全取組の予測性能（手法間の比較）[130]

しかし，大相撲全体への影響を考えると，もちろん十両や幕内など上位力士の実力評価の影響の方が大きいため，上位は精密に，下位は大雑把に決められる番付制度は合理的であるとも言えます．

横綱昇進条件は合理的なのか？

同じ論文では横綱昇進の条件についても議論しています．**横綱は大相撲における最高位ですが，「その時点でのランキング1位」ではありません．** なぜなら，横綱は複数いることも，全くいないことも容認されているからです．テニスやFIFAのランキング1位が空位，ということはあり得ません．したがって，横綱というものは何らかの基準を超えた場合に取得したり名乗ることができる資格・身分であると解釈するほうが適切です．

横綱への昇進は横綱審議委員会で議論され，その内規のうち取組の成績に関わるものとして「大関で2場所連続優勝した力士を推薦することを原則とする」というものがあります．これが「何らかの基準」の一つに相当します．しかし，この原則は過去の少なくない例で議論を呼んでいます．

- 北尾（双羽黒）関：直近2場所が優勝次点，優勝同点（優勝決定戦で敗北）であったものの1986年7月場所後横綱に昇進（第60代）
- 旭富士関：1989年1月場所から5月場所にかけて40勝5敗，優勝同点2回の好成績を挙げたが横綱昇進を見送られる．1990年5月場所・7月場所を連続優勝した後横綱に昇進（第63代）
  これ以降2012年9月場所終了後に横綱に昇進した日馬富士関（第70代）まですべての横綱が大関での2場所連続優勝後に横綱に昇進

しており，旭富士関が事実上の前例となっていた

- 鶴竜関：直近 2 場所が優勝同点（優勝決定戦で敗北），優勝であった ものの 2014 年 3 月場所後横綱に昇進（第 71 代）．上記の運用の前例 とは異なる基準が適用されている

- 稀勢の里関：直近 2 場所が優勝次点（星二つの差），優勝であったも のの 2017 年 1 月場所後横綱に昇進（第 72 代）

特に鶴竜関，稀勢の里関は 2 場所連続優勝を達成していなかったため，そ れまでの運用との違いに関する批判がありました．

この論文で提案している実力評価手法は順位だけではなくイロ・レー ティングに似たレーティング値でそれぞれの力士を評価します．したが って，横綱に昇進した・しなかった大関が実際はどの程度の実力であっ たのかを定量的に評価できるのです．具体的には前頭の平均を 0 とし，図 4.8 と同じ形で予測勝率を仮定しています．レーティング値は 1.0 と 2.0 が それぞれ平均的な前頭力士に対して勝率 73%, 88%（1 場所換算だと 11.0 勝および 13.0 勝）に相当します．

表 4.7 に上記の事例それぞれでの該当する力士，および他の横綱と大 関のレーティング値を示します．この評価に基づくと，旭富士関の 3.0 に 近いレーティングは大関としては突出しており，しかも既存の横綱 3 名 のうち 2 名を上回っています．レーティング値 2 を超える横綱と 1 年間互 角以上に渡り合っての優勝同点 2 回で昇進を見送るのは厳しすぎる判断 でしょう．同様に，稀勢の里関は優勝は 1 回のみでしたがその直後に 3 横 綱をさらに上回るレーティング値で評価されています．この力士を横綱 に昇進させないことはそもそもの内規（2 場所連続優勝）が目的に合致 していないと思われます．同じ結果から，北尾関，鶴竜関については昇

進可否の判断が難しかったこともわかります.

表4.7 横綱昇進時に議論を呼んだ事例 [130]

1986/07		1989/05	
名前	レーティング	名前	レーティング
北尾	2.359	旭富士	2.909
横綱	3.233	横綱	3.672
	-1.500		2.793
大関	2.070		2.233
	1.511	大関	1.800
	1.515		0.973
	1.057		0.664

2014/03		2017/01	
名前	レーティング	名前	レーティング
鶴竜	2.219	稀勢の里	2.334
横綱	3.408	横綱	2.302
	2.389		1.759
大関	2.094		1.599
	1.583	大関	1.573
			0.589
			0.180

4.9 レーティングを計算してみよう

139ページで紹介したイロ・レーティングは計算の手順がシンプルで,
プログラミングの練習としてちょうどいい難しさです. プログラミング
言語のpythonとそのプログラミング環境であるJupyterLabを使った

サンプルプログラムを本書サポートサイト (https://gihyo.jp/book/2024/978-4-297-13927-8/support) に公開済みです（サンプルプログラムの実行方法については，ダウンロードファイルに同梱の「ReadMe.txt」を参考にしてください）.

　イロ・レーティング以外にも，簡潔な仮定と数式でレーティングを算出する方法をいくつか紹介します．説明の都合上数式が多くなりますが，難しいと感じた方はサンプルプログラムを実行した後，ご自身の関心あるデータに入れ替えても楽しいと思います.

🐎 イロ・レーティング

　本章でこれから扱うデータは 2021 年の J1 リーグの試合結果とします.
JResult2021.csv の各行が 1 試合，各列は試合に関するそれぞれのデータです（このデータは J2 リーグなども含んでいますが，プログラム中で J1 リーグのみを抽出しています）.

　サンプルプログラム EloSample を実行すると図 4.12 が得られます．この値は 2021 年のシーズン終了時のものです．オリジナルのイロ・レーティングは初期値を 1500 とすることが多いのですが，本質的にチーム間のレーティング差のみが意味を持つので，ここでは初期値を 0 としました.
もしもこの直後に試合があったとすると，両チームのレーティング差から図 4.8 に従って予測勝率が算出できます．サッカーの場合は引き分けの確率が無視できないほど大きいので，この図の値は（予測勝率）＋（予測引き分け率）/2 を示します.

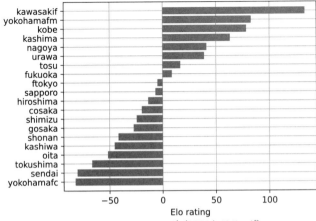

図4.12　イロ・レーティング（2021年J1リーグ）

　一例として，名古屋グランパスがこのシーズン優勝した川崎フロンターレと対戦したとすると，レーティング差は$41.2 - 133.0 = -91.8$で，図4.8から0.371が得られます．ここ10年でのJ1リーグでの引き分けの割合は全試合の25％程度ですので，名古屋グランパスから見た勝利・引き分け・敗北それぞれの確率の（大まかな）予測は$(0.371 - 0.250/2, 0.250, 1 - 0.371 - 0.250/2) = (0.246, 0.250, 0.504)$となります．実際は実力差があると引き分け確率は小さくなり，リーグ全体での各対戦の実力差が25％という平均の引き分け割合に反映されているので，この値をきちんと推定する必要がありますが，ここの例ではそこまで深く入らないこととします．

🐎 Masseyレーティング

　それぞれのチームのレーティングの差が試合結果の得点差に対応する，

という発想で計算されるのがMasseyレーティングです [131]．Massey は提案した人物で，彼はこの発想を大学の卒業論文（!）として提出しました．元々はアメリカの大学フットボール（ここでは「アメリカンフットボール」を意味します）のランキング作成を意図していました．113ページでも紹介したように，アメリカンフットボールは元々1シーズンで行える試合数が少なく，かつ大学のチーム数はNFLの数倍も多いのです．2023年時点で，アメリカの大学アメリカンフットボールの最上位区分は10のカンファレンスにさらに分割され，合計で130以上のチームが参加しています．

　Masseyレーティングでは対戦するチームのレーティング r_i, r_j の差が試合の得点差になる，と仮定します．実際はたくさん試合を行うとすべての試合の得点差をチームに一つの r_i で表せることはないので，「**レーティングの差に誤差が加わって実際の得点差になる**」と仮定します．数式で表すと次式です．

$$r_i - r_j + \epsilon_k = y_k \tag{4.13}$$

k は試合の通し番号，y_k は得点差，ϵ_k は誤差を表します．そして，「誤差が最も小さくなるようにレーティング r_i を選ぶ」ことができたとき，それらのレーティングの値は各チームの実力を最もよく表すことができています．誤差の大きさはそれぞれの試合での誤差の二乗の和で評価します．

$$E^2 = \sum_k \epsilon_k^2 \tag{4.14}$$

　数試合程度の小さな例で数式を書いてみましょう．試合結果を表 **4.8(a)**

に示します.

表4.8　レーティング算出用の小さな例

(a)			
i	j	s_i	s_j
1	2	5	0
1	2	4	1
2	3	3	2
2	3	1	2
3	1	0	1
3	1	4	2

(b)			
	勝	敗	得失点差
1	3	1	9
2	1	3	-8
3	2	2	1

(c)			
	対戦相手		
	1	2	3
1	-	9	3
2	1	-	4
3	4	4	-

この試合結果の1行目は $r_1 - r_2 = 5 - \epsilon_1$ と書けます. このような式が6試合分ありますが, これは行列とベクトルを使うと簡潔に書けます.

$$
\begin{pmatrix}
1 & -1 & 0 \\
1 & -1 & 0 \\
0 & 1 & -1 \\
0 & 1 & -1 \\
-1 & 0 & 1 \\
-1 & 0 & 1
\end{pmatrix}
\begin{pmatrix}
r_1 \\
r_2 \\
r_3
\end{pmatrix}
=
\begin{pmatrix}
5 \\
3 \\
1 \\
-1 \\
-1 \\
2
\end{pmatrix}
-
\begin{pmatrix}
\epsilon_1 \\
\epsilon_2 \\
\epsilon_3 \\
\epsilon_4 \\
\epsilon_5 \\
\epsilon_6
\end{pmatrix}
\tag{4.15}
$$

これを文字で置き直すと,

$$
\boldsymbol{X}\boldsymbol{r} = \boldsymbol{y} - \boldsymbol{\epsilon}, \quad \boldsymbol{\epsilon} = \boldsymbol{y} - \boldsymbol{X}\boldsymbol{r}
\tag{4.16}
$$

となります. 変数が3個で, 等式がそれより多い6個ある方程式です.

$E^2 = \boldsymbol{\epsilon}^\top \boldsymbol{\epsilon}$ (⊤はベクトルや行列の縦と横を入れ替える処理) と書けますが, これを最小とする $\boldsymbol{r}$ は行列 $\boldsymbol{X}$ の疑似逆行列 $\boldsymbol{X}^+ = \left(\boldsymbol{X}^\top \boldsymbol{X}\right)^{-1} \boldsymbol{X}$ を

使って，

$$r = X^+ y \tag{4.17}$$

と表せます．導出は理工系の大学 1 〜 2 年生で利用する線形代数や応用数学の教科書を参照してください．「最小二乗法」という手法です．

先ほどの小さな例で r を算出すると，$r = (1.17, -1.33, 0.17)^\top$ が得られます．おおむね勝敗数や総得失点（表 4.8(b)）と同じような順序になりました．

J リーグのデータに戻りましょう．サンプルプログラム MasseySample を実行すると，図 4.13 が得られます．この値は 2021 年のシーズン終了時のものです．Massey レーティングは，この直後に名古屋グランパスが川崎フロンターレと対戦したときの得点差を予測してくれます．それぞれの Massey レーティングは 0.350 と 1.325．その差は −0.975 ですので，名古屋は平均しておよそ 1 点の負けと予想されます．

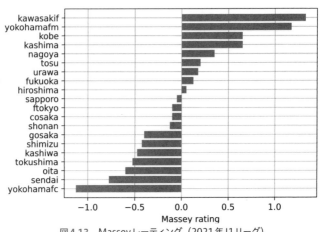

図 4.13　Massey レーティング（2021 年 J1 リーグ）

Masseyレーティングは得点差を直接評価するので，大量得点の試合の影響を受けやすいという特徴があります．そういった影響を小さくしたい場合は，各チームの得点比の対数を修正して使う方法があります．具体的には式4.13の得点差 y_k をそれぞれのチームの得点 s_i, s_j を使って次式のように変更します．

$$r_i - r_j + \epsilon_k = \log \frac{s_i+1}{s_j+1} \tag{4.18}$$

「各チームの得点比」をそのまま式にすると $\frac{s_i}{s_j}$ ですが，サッカーのように0点が多いスポーツでは困ったことになります．一方が0点だと分母が0の分数が現れてしまい，計算ができなくなります．そのため，それぞれの得点に1を加えて修正しています．

J1リーグに対するサンプルプログラム GoalRatioSample を実行すると，図4.14が得られます．

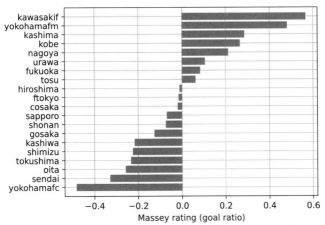

図4.14　得失点比に基づくレーティング（2021年J1リーグ）

ここから予測される試合結果を解釈するのは若干面倒なのですが、名古屋対川崎は

$$\frac{s_i+1}{s_j+1} = e^{0.213-0.567} = 0.702 \tag{4.19}$$

となるので、1対2$(= \frac{1+1}{2+1} = 0.667)$よりは名古屋がもう少し点を取りそうである、という評価になります。

Markovレーティング

次に紹介するのはMarkovの方法と呼ばれるものですが、イロ・レーティングやMasseyレーティングとは異なり、この手法はMarkovがチェスやスポーツランキングのために開発したものではありません。Markovは大半のプロスポーツが盛り上がる前に業績を残した数学者です（1856年生まれ、1922年没 [132]）。

この方法の基本的な考え方は、**「敗北や失点は敗者から勝者への投票」**と見なすことです。違った言い方をすると、**勝ったり得点したほうをすぐに気に入ってしまうファンばかりの場合、それぞれのチームの平均的なファン数がどれくらいになるか？** を計算した値を各チームの実力と見なすのです。

先ほどの小さな例を使ってみます。**表4.8(c)** に対戦ごとの総得点をまとめました。チーム1はチーム2とチーム3それぞれに対し1失点、4失点しています。失点ごとに応援チームを変えてしまうチーム1のファンの数をr_1とすると、そのうち1/5はチーム2に、4/5はチーム3に移ってしまいます。チーム2、チーム3も同様です。

これを$\boldsymbol{r} = (r_1, r_2, r_3)^{\top}$を使った式で書くと次式となります。

$$\begin{pmatrix} r_1 \\ r_2 \\ r_3 \end{pmatrix} \leftarrow \begin{pmatrix} 0 & 9/13 & 3/7 \\ 1/5 & 0 & 4/7 \\ 4/5 & 4/13 & 0 \end{pmatrix} \cdot \begin{pmatrix} r_1 \\ r_2 \\ r_3 \end{pmatrix} \qquad (4.20)$$

この式を $\boldsymbol{r} \leftarrow \boldsymbol{Pr}$ と書くと，ファンの比率が一定の $\boldsymbol{r}^*$ となったとき，

$$\boldsymbol{r}^* = \boldsymbol{Pr}^* \qquad (4.21)$$

が成り立ちます．これを満たす $\boldsymbol{r}^*$ の求め方は大きく二つに分けると，行列 $\boldsymbol{P}$ の掛け算をたくさん繰り返す（$\boldsymbol{P} \cdot \boldsymbol{P} \cdots$）か，行列 $\boldsymbol{r}^*$ の固有値・固有ベクトルを求めるかのどちらかになります．行列の固有値・固有ベクトルの算出は線形代数と呼ばれる数学の基本的な問題で，多くの理工系学部の1・2年生が勉強する内容です．

この小さい例だと，結果として得られた Markov レーティングは $\boldsymbol{r}^* = (0.352, 0.281, 0.368)^{\top}$ です．チーム1と3の順序が入れ替わっているところが興味深いです．

J1リーグに対しては，サンプルプログラム MarkovSample を実行すると，図 4.15 が得られます．このレーティングからは未来の勝率，得点差や得点比を直接予測することはできず，そのためにはもう少し追加の処理が必要になります．

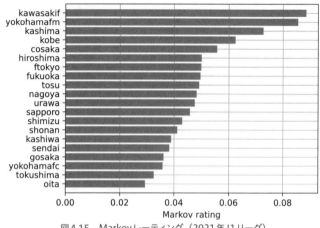

図4.15 Markovレーティング（2021年J1リーグ）

　ここで紹介したレーティング手法（イロ, Massey, Markov）を含め，数学に基づくランキング手法に関する良書として［133］がおすすめです．実例と手法をふんだんにちりばめられたスポーツのトリビアとともに学ぶことができます．

4.10 Web検索はランキングである

　さきほど紹介したMarkovの手法ですが，スポーツのランキングに限らず広い範囲の現象を説明する手法として知られています．それらは総称してMarkov連鎖（Markov chain）と呼ばれています．ここでは数ある実例の中から，比較的最近我々の目の前に現れ，かつ急速に重要度と存在感を増している技術である**Web検索**について紹介します．

Web検索ではそれぞれのページがどの程度重要なのかを評価する方法が必要です．Webページが少ない1990年代中ごろのWeb検索は，今では考えられませんがユーザーの推薦などに基づく登録制でした［134］．人間が内容を確認し，ポータルサイト（Yahoo!など）にリンクを掲載するべきかどうかを判断していたのです．また，単語が現れる回数や場所（題名や見出しに使われているかどうか）を活用した検索ランキングの自動化も試みられていました．Webページを公開するのが技術者や研究者だけであれば変な内容の文書も少なく，これらの自動化の方法はそれなりに機能していました．

　しかしインターネット接続が一般的になると個人がWebサイト（いわゆる「ホームページ」）を作成・公開することが流行します．それに伴いWebページ数が質・量ともに爆発的に増加．人間が内容を確認して登録する手法は追いつかなくなります．また，前述の単純な順位付けのしくみを知ったWebサイト制作者はそれを悪い意味で最大限活用します．同じ単語が見出しに何百回と並ぶWebページを作ってしまえ！

　そこで颯爽と現れたのがGoogleでした．**「人間が内容を確認しなくても，検索結果の上位に示すべきページかどうかを判定する」**という難題，つまり**Webページのランキング作成**に華麗な解法を採用したのです．記念碑的論文［135］で提唱されたのはWebページ間のリンク構造を活用する手法で，ページランク（PageRank）と名付けられました．Webページのランクであることと，著者の一人がLarry Pageであったことのダブルミーニングだったという説があります．

　元々Webは，通常の文書（text）にさまざまな機能を加えたハイパーテキスト（hypertext）がコンピュータネットワークを経由して相互に結合することによりでき上がることを意図されたものでした（元々"web"

は「くもの巣」という意味です）．Webが現れる前にももちろん本や論文間に引用等による相互に結合した関係はありましたが，そのつながりの構造を抽出するのは容易ではありませんでした．しかし，ハイパーテキストによって人類は文書間の参照・結合関係を計算可能な形式で容易に得ることが可能になったのです．

　スポーツランキング作成におけるMarkovの手法の発想は**「敗北や失点は敗者から勝者への投票」**と見なすことでした．ページランクでは**「あるページから他のページへのリンクはリンク先のページへの投票である」**と見なします．Webページを作成する人は何らかの意図を持って他のページへのリンクを作成します．リンク先は内容に関連があったり，便利だったりするページです．同じ単語が見出しに何百回も並ぶページにはわざわざリンクを作成しないでしょうし，有名サイトには自然とリンクが集まることになります．

　PageRankの算出では，リンク構造を持つページ群に対し，そこをただでたらめにリンクをたどって動き回る人物（クローラ）を仮定します．

　例えば，Webページそれぞれに番号が付いていて，ページ3からページ$1, 4, 6$にリンクが貼られているとします．クローラがページ3にたどり着いたとすると，次に行くページを$1, 4, 6$番からでたらめに選びます．それぞれの確率は1/3です．クローラがページiにいる確率をr_iとすると，$r_1 \leftarrow \cdots + \frac{1}{3}r_3 + \cdots$が成り立ちます．…は3番以外のページから1番にやってくる確率です．これを一般化すると

$$r \leftarrow Pr \tag{4.22}$$

と書くことができ，確率が一定のr^*となったとき，

$$r^* = Pr^* \tag{4.23}$$

が成り立ちます．これは先ほどの Markov レーティングと全く同じ式です（実際の Web 検索ではリンクを持たないページ（行き止まりページ）や孤立したページがあるので，それに応じて修正が加えられています）．

ページランクをはじめとした Web 検索の数学の詳細は（少し古いですが）[136] などの書籍を参照してください（参考文献まで熱心に点検していただいた読者はお気づきかもしれませんが，[133] と [136] は同じ著者が執筆しています．スポーツのランキングも Web 検索も，**「数学的な根拠に基づき順序をつける」**という観点から抽象化・一般化されて研究されている課題であることがよくわかります）．現代社会の根幹に入り込みつつある技術の核が，大学初年度の数学の授業で勉強する形式の問題（式 4.23 は行列の固有値・固有ベクトルを求める問題）であることは，数学に基づく手法の強力さを物語っているようです．

4.11 試験 = 受験者 vs. 問題

もう一つ，今度はイロ・レーティングと同じ原理が利用されている事例を紹介します．まずイロ・レーティングで利用される，予測勝率を表す式 4.6 を確認してください．2 つのチーム i, j が対戦したときの勝率を表す式です．

スポーツではチームや選手同士の対戦となりますが，この対戦は同じ種類でなくても構いません．受験者が試験問題を解くことを**「受験者**

vs. 問題」と見なせば，受験者の問題に対する勝敗 = 正誤により受験者の実力推定ができるはずです．こうした方法で受験者の能力を推定するための試験に関する理論を項目応答理論 [137] と呼びます．項目応答理論は異なるテストを受験した受験者の能力を一貫した基準で評価するための理論で，英検などの語学試験 [138] [139] や，情報系の資格試験（IT パスポート試験など）に採用されています [140]．

スポーツでの勝率はテストでは正解率に対応し，それを表す式としてよく用いられるのが次式です．

$$p_{i,j} = \frac{1}{1+e^{-a_j(r_i-b_j)}} \tag{4.24}$$

$p_{i,j}$ は受験者 i が問題 j に正解する確率，r_i は受験者の実力，b_j は問題 j の難易度（受験者から見た問題の「実力」），a_j は問題 j が受験者の実力 r_i の変化に対してどの程度敏感に正解率が変わるか，を表します．e, a_j は組み合わせを選ぶことができるので，イロ・レーティング風に

$$p_{i,j} = \frac{1}{1+10^{-\frac{r_i-b_j}{400}}} \tag{4.25}$$

と書き換えることもできます．グラフの横軸が伸び縮みするだけです．

イロ・レーティングでは試合ごとにレーティングを修正しますが，テストの場合はすべての問題に回答を終えた後採点するのが一般的です．したがって，テストの結果（それぞれの問題に対する正誤）と確率の差が最も小さくなるようにすべての回答結果をまとめて利用します．

小さな数値例を示します．8 問のテストでそれぞれの難易度が（−100, −50, 0, 0, 50, 75, 100, 200），正誤が（1, 1, 1, 0, 0, 1, 1, 0）であった受験

者の実力を推定します．ここで難易度・実力と正解率の関係は式4.25を使います．推定方法はいくつかありますが，rの値を仮定してみて，その場合の予測正解確率$p_{i,j}$と正誤の差を計算する，という処理をたくさんのrの値に対して行ってみます．確率と結果の差は二乗してから8問の平均を計算することとしましょう．その結果得られたのが図4.16です．

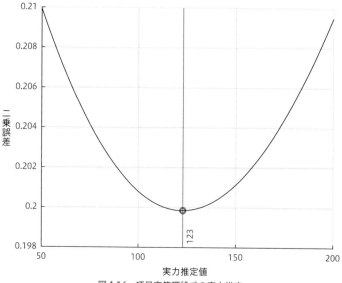

図4.16　項目応答理論での実力推定

この図から，この受験者の実力は「123」と推定されました．

　項目応答理論に対応した試験を作る際にはそれぞれの問題の難易度を定める必要がありますが，過去の試験結果を参考にします．また，過去と最新の推定結果を適切に比較できるようにするため，過去問やその類題を出題したり，今後難易度を決めたい新たな問題を追加するといった工夫がされています．マークシート方式で頻繁に開催され，受験者も多

い資格試験は項目応答理論に向いている試験です.

スポーツや試験を「2者の対戦」と一般化しました.こうした手法はまとめて**一対比較法（paired comparison）**と呼ばれ,ここまでで紹介した以外にも消費者の嗜好調査（商品パッケージのデザインなど）にも利用されている非常に幅広い方法です.

本章はここまで,私が書ける限りの例で「順序をつける」手法について示してきました.順序をつけたくなる・つけるべき状況や対象はスポーツに限らないので,他分野（Web検索や資格試験）と数学的な共通点が多いのは（知ってしまえば）むしろ当たり前のように思えてきます.

順序がわかれば次に自然とやってみたくなることがないでしょうか？特にスポーツではその誘惑は非常に強いものになっています.次章では私がその誘惑に逆らえなかった数々の取り組みについて紹介します.

第 **5** 章

予測モデルの腕試し
実際のスポーツ大会を予測してみよう！

オリンピアシュタディオン［ベルリン，ドイツ］（2012年12月）
1936年ベルリンオリンピックのメインスタジアム（写真はその聖火台）．重厚な外観は建設時のまま，屋根が新設されるなど設備は最新に更新されている．見学者のため開放されており（有料），気軽に訪問できる．2009年世界陸上でウサイン・ボルト選手が2つの世界新記録を樹立した陸上競技場としても有名．

　前章ではスポーツチーム・選手のランキング手法を紹介しました．ランキングができたということはランキング上位者が勝つ確率が高そう，と考えるのは自然です（そもそも，上位者が勝つ確率が高いことが良いランキングの条件です）．

　すると，うまく算出されたランキングやレーティングは**「未来の試合結果の予測」**に使えるはずです．本章では数学に基づくランキング・レーティング手法を活用したスポーツの結果予測について，著者が取り組んできた事例を中心に，若干のドキュメンタリー成分を含めながら，紹介します．

5.1 「538」は何の数字？

　私が好きで閲覧するサイトにFiveThirtyEight(https://fivethirtyeight. com/) があります．アメリカのプロスポーツや大学スポーツ，世界中の サッカー，ワールドカップ，オリンピックなど，スポーツの予測やその手 法に関する記事が多数掲載されているサイトです．

　サイト創設者のネイト・シルバーは野球のセイバーメトリクス（第 1章）において，選手の今後の成績予測手法を提案した人物です．しか し，サイト名の「538」は野球にちなむものではありません．

　本書執筆時点でFiveThirtyEightにアクセスすると，最初の分野は "Politics"（政治）です．シルバーはスポーツ以外にも政治に関心があり， **538はアメリカ大統領選挙における選挙人の数**です．彼は2008年以降の アメリカ大統領選挙で統計学に基づく予測手法を開発し，伝統的な出口 調査などに基づく手法よりも高い予測精度を実現し一躍その名をとどろ かせます［141］［142］．政治に関するブログとして立ち上げたサイトに， 以前から関心のあったスポーツを後から合流させたのがFiveThirtyEight の成り立ちです．

　統計的手法がスポーツだけではなく，政治の分野でも成功を収め始め たのがこのころです．こういった時代の空気のようなものは間接的にで も影響を及ぼすものです．私がスポーツのランキングや実力推定手法に 興味を持ち始めたのもこのころでした．当時，FiveThirtyEightや似た ブログを読んでいたのかはあまり記憶にありませんが……．

5.2 バレーボール観戦で気づいたこと

　オリンピック予選や世界大会などテレビ中継が多かったので，バレーボールをよく見ていた時期がありました．日本での開催も多く現地観戦もしています．また，友人に誘われてVリーグ（バレーボールの国内トップリーグ）観戦にも出かけていました．

　そうしてバレーボールを何試合も見ているうちに，得点経過が気になるようになりました．サービス時の得点は難しい（確率が低い）という特徴はあるのですが，確率の例題でよく出てくる**ランダムウォーク（random walk）**と似てないかな？と思ったのです．

　ランダムウォークの最も単純な例は，等しく区切られた一列のマスがあり，左右それぞれ1/2の確率で動く，というものです．バレーボールのようなラリーポイントのネットスポーツでは得点差がこのランダムウォークで表せます．各チームの得点を表したい場合は縦横軸をそれぞれのチームの得点とした平面上のランダムウォークに拡張します（チームAの得点で右に1マス，チームBの得点で上に1マスとする）．

　図5.1にランダムウォークの例を示します．チームAとBそれぞれの得点確率を $(0.55, 0.45)$ とした場合で，デュースおよびどちらのチームがサービス権を持っているかは考慮していません．この得点確率は平均して25対21（得点割合がそれぞれ $(0.544, 0.456)$）でセットが終わる実力差です．ある1試合を太線で表してあり，この試合ではチームAが25対19でセットを獲得しています．この図ではどちらかが先に8点，16点，25点に達したときの頻度を丸の大きさで示しています．徐々に点

差が開いていき，先に25点に到達する確率がそれぞれ76.8%と23.2%でした．15点先取の第5セットでも同様の計算をすると69.8%と30.2%．各セットの結果がお互い関係がない（独立）とすると，それぞれの獲得セット数および勝敗の確率は**表5.1**と計算されます．したがって，チームAの勝率はおよそ90%と推定できます．

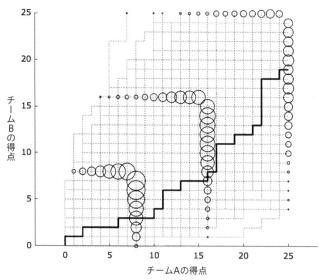

図5.1　バレーボールのランダムウォークモデル

表5.1　得点確率0.55のチームの獲得セット数と確率

勝利チーム	セット数	確率	
A	3-0	0.453	0.901
	3-1	0.315	
	3-2	0.133	
B	2-3	0.058	0.099
	1-3	0.029	
	0-3	0.013	

　応援しているチームが，うまくいくときもあるけど20点から22点くらいでセットが取れないことが多いなぁ……，本当の上位チームとの勝率は10％ぐらいじゃないのかな？と感じていた私は，コンピュータで計算したこれらの数値が現実に近い何かを表現できているのでは？と思いました．そして，**「各セットの得点が記録された試合結果から各チームの得点能力を推定すると，次の試合の勝率を予測できるのでは？」**と思いつきます．

　その後，先行研究や論文を調査する**前に**自分の知識の範囲で何とかして作ってみた方法が，イロ・レーティングとほとんど同様なものであると気づきます．**「調査しなくて似た方法にたどり着いたのだから，この問題に取り組んでみてもそんなに大きく間違わないだろう」**と思ってしまった私はスポーツ統計を研究テーマに加えることにしたのです．これには，元の専門分野が数学を使って現象の規則を書き表す「システム制御」であったことの影響が大きいです．

⭐ わざと負けたほうが良かった？ ——リオオリンピック予選

　こういった経緯でバレーボールの実力推定に挑戦することとしたのですが，具体的な題材としたのはオリンピックの結果予測でした．予測対象とする大会の直近数年に開催された主要大会やその予選の試合結果を収集し，各試合の得点割合を適切に表せるように各チームの実力推定値（レーティング）を算出しました．

　以下は2017年に発表した論文［143］の概要です．まず，過去の得失点から算出したレーティングに基づく得失点割合の予測値と実際の試合での値は中程度の相関があることがわかりました．また，公式FIVBラ

ンキングやそのランキングポイントの差よりも，提案したレーティング
の方が試合結果との相関が強いこともわかりました．つまり，当時の公式
ランキングは実力を適切に定量化できていなかったことがわかりました．

図5.2は横軸と縦軸にそれぞれ2016年7月時点のFIVBランキングポ
イント（女子）と提案レーティングを示したものです．

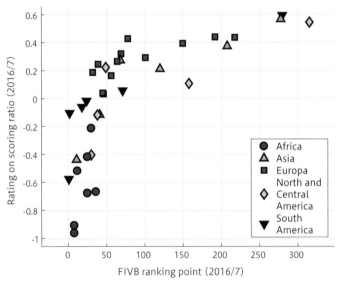

図5.2　FIVB公式ランキングとレーティングの比較（2016年7月）[143]

縦軸のレーティング値の方が予測性能が良い指標です．大陸ごとに注
目すると，四角のヨーロッパは同程度のレーティングであってもFIVB
ランキングポイントに大きな差があります．**対戦結果では僅差なのに，
ランキング制度が原因でランキングポイントを獲得できるチームとでき
ないチームが出てしまっています．**同様に，丸印で示したアフリカはレ
ーティング差が大きい，つまりそれまでの対戦結果が一方的であるにも

関わらず同程度のランキングポイントとなっています．こうしたFIVB
ランキングの問題点は116ページ以降で説明しました．この調査は
2010年以降の世界選手権およびオリンピックに対象をひろげました．そ
の分析結果も一貫してFIVBランキングが実力を評価する性能に問題が
あることを示していました［144］．

　実力評価の副産物として，オリンピック予選の制度設計に欠陥があっ
たことも定量的に指摘することができました．バレーボールのリオデジ
ャネイロオリンピック最終予選は参加国・本大会出場数がともに多い
（8チーム参加，3チーム出場）最終予選1と，どちらも小規模な（4チー
ム参加，1チーム出場）最終予選2が開催されました．

　いずれも各大陸予選2位以下（1位はオリンピック出場）が出場する大
会で，そのうち上位が最終予選1，下位が最終予選2に出場する形式でし
た．参加チームに対するオリンピック出場チームの比率を見ると最終予
選1に出場する方が良いように見えます．しかし実際は最終予選2に出
場するアフリカ予選2・3位，北中米予選3位，南米予選3位は北中米3位
を除く3チームは実力が低く，北中米からは2位で最終予選1に参加する
よりも，予選3位から最終予選2を経由してオリンピックを狙う方が簡
単なのではないか，と競技関係者から指摘される事態になりました．

　結果として北中米予選は当時のFIVBランキング通りになったのです
が，レーティング値では2位と3位が逆転していました．つまり，得点
能力が高いはずのチームが負けて3位になり，最終予選2に出場したの
です．FIVBランキングでは下位だったためこのランキングを信用する
と「順当」だったのですが，当事者や観客の評価はどうだったのでしょ
うか？　強豪チームがなぜかランキングが低く，それを隠れ蓑としてオ
リンピックの近道である最終予選2を「選択」した——という筋書きを

思いついてしまっても仕方がない状況が生まれてしまいました.

　最終的に最終予選2に参加したチームが1位でオリンピック出場権を獲得し，それに対して北中米予選2位チームは最終予選1を6位でオリンピック出場を逃してしまいました.

　選手はすべての試合に対して勝利を目指しているはずなのですが，負ける方が大きく有利になってしまう不適切な制度の大会に参加させられたことであらぬ疑いをかけられてしまうこととなり，非常に後味の悪い結末となってしまいました.

5.3 球技統一の予測手法
——オリンピック予測プロジェクト

　バレーボールの実力評価では各試合の得点を利用しました．バレーボールの競技特性を考えると，その得点がサーブ側かどうかの情報があった方が好ましいのですが，それが公開されているWebサイトを見つけることができなかったからです.

　しかし，「得点のみを使う」ことは利点にもなります．「サービス側とレシーブ側の得点確率の違い」を考慮した予測手法はハンドボールの予測には使えません．ハンドボールには「サービス」がないからです．それに対し，球技の試合結果で得点はほぼ確実に公開されます．多くの球技で**得点を取り合って最終的に得点が多いほうが勝利**という原則は共通ですので，競技間の違いを調整できるしくみを作れば同じ手法を複数の競技に適用できるはずです.

　この観点で研究・執筆し，2019年に発表した論文 [145] の概要を説明

します.

　この論文では，オリンピックで開催されている5つの団体球技——バスケットボール，ハンドボール，ホッケー，バレーボール，水球——の男女合計10種目について，参加チームの実力を推定し対戦の予測勝率を求められる数学モデルの作成に取り組みました（オリンピックのサッカーは年齢制限付きのルールで開催されており，レーティング算出に利用可能な試合数が少ないため予測対象としていません）.

　これら5競技はいずれも得点の多さを競う競技ですので，得失点の能力を過去の得失点から推定すれば強さの順序（つまりランキング）を求めることができます. しかし，1試合での得失点の割合（得点割合）がどの程度の勝率に対応するのかは競技ごとに異なります. ここでの「得点割合」は（得点）/{（得点）＋（失点）}のことです. ホッケーの試合結果が6対4であったとき，それぞれのチームの得点割合は$6/(6 + 4) = 0.6$と$4/(4 + 6) = 0.4$です.

　直感的には，得点が多く入る競技では小さな得点割合の差が勝敗に直結します. バスケットボールでは両チーム合計で150点から200点程度得点が入る機会があるので，1つのプレイでの得点確率の差が小さいとしても最終的には大きな勝率の差になります. 反対に総得点が少ない競技（今回の対象内ではホッケー）では偶然の影響が大きくなり，1つのプレイでの得点確率の差が勝率に与える影響が大きくありません.

　これを図示したのが図5.3です. 提案手法では，試合結果に基づいて関数の曲がり方を調整できるような次式を仮定しました.

$$\hat{w}_{i,j} = \frac{1}{1+e^{-a(r_i-r_j)}} \tag{5.1}$$

ここで $\hat{w}_{i,j}$ はチーム i の j に対する予測勝率で, $r_i,\ r_j$ はレーティング値(得点能力を表したもの), そして a が競技ごとに調整する値です.

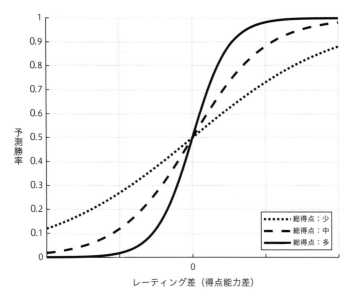

図5.3　レーティング差(得点能力差)と予測勝率

　算出の順序は, まず r を式4.18に基づいて求めます. その後, 各試合の両チームの $r_i,\ r_j$ と実際の勝敗 $w_{i,j}$(i の勝利で1, 敗北で0)との差が小さくなるように a を調整します.

　5競技10種目, それぞれリオデジャネイロオリンピック直前の主要大会の試合結果(1種目当たり200〜400試合程度)を使い, 出場国の実力と対戦時の予測勝率を算出しました. 女子5種目のレーティング差と予測勝率の対応は図5.4となりました. 得点の多い3種目(バスケットボール, ハンドボール, バレーボール)はレーティング差0付近での傾きが

急, つまり小さな得失点割合の差が勝率に大きな影響を与えます. 一方で, 得点が少ない2種目 (ホッケー, 水球) ではなだらかです.

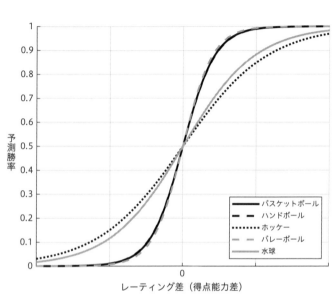

図5.4 女子5種目におけるレーティング差 (得点能力差) と予測勝率

こうして得られた予測精度を2つの観点で比較しました.

一つ目は各種目の公式ランキングとの比較です. 「提案レーティングが高いほうが勝つ」と「公式ランキングが高いほうが勝つ」の二つの予測の正解率を比較します. 二つ目は報道機関や専門家との比較です. オリンピック前にこれらの種目のメダル予測を公開している新聞社や総合スポーツ専門雑誌を調査し, メダル獲得の有無やメダルの色を予測できていたかどうかを比較します.

結果はいずれも提案手法の性能が高いことを示すものでした. 予測対象370試合中, 提案レーティングと公式ランキングそれぞれの予測正解

数は262と238で，この差は偶然とは言えない程度に大きい（統計学の用語では「統計的に有意に差がある」といいます）ものでした．二つの手法で予測の見解が分かれた70試合中，提案レーティングは47試合の結果を的中できました．この結果は，各競技で独自に設計されているランキング手法の中に性能が良くない作り方のものが混ざっていることを示しています．事実, 144ページで示したように，バレーボールのランキングは設計に問題があり，2020年にイロ・レーティングに基づくものに改正されています．

　また，提案レーティングではあえて過去の試合ごとの重要度を設定しませんでした．すべての試合が等しい価値を持ち，すべてのチームが等しく全力で勝利を目指している，という仮定です．この仮定は直感とは反しており，実際多くの公式ランキングでは大会や試合の重要度をランキングポイントの大小に反映させています．しかし，このような仮定の下でも提案手法は公式ランキングよりも予測性能が良かったのです．提案手法では試合ごとの重要度をあらたに設定でき，さらに予測性能を向上させる余地があるにも関わらず，です．

　メダル予測では10種目30個のメダルのうち10個のメダルを色（順位）とともに, 19個のメダルを獲得の有無まで予測できました．公式ランキングはそれぞれ6個と14個でした．新聞社や総合スポーツ専門雑誌はそれぞれメダルの色を7個から8個，メダルの有無を14個から16個の予測正解で，ここでも提案レーティングの性能の良さが発揮されました（ただし，予測対象が30個と少ないため，この差は偶然に生じたのかもしれません）．

　この結果は，試合や選手を取材している記者や，競技に詳しい選手や監督などは必ずしも各チームの実力を数値として評価することが得意で

はないことを意味しています．選手の特徴やケガの有無，戦略の立案やそれを遂行するためのトレーニングなどはもちろんスポーツにとって重要な要素ですが，それらが具体的に何点に相当するのかを算出することは全く異なる技術なのです．

　提案レーティングは過去の得失点を集計して適切な数式として表現しただけです．しかし，**将来の得失点を予測するために最も重要なデータは，結局過去の得失点だったわけです．**

⭐ 東京オリンピックも予測

　同じ手法を少し改善し，2021年に開催された東京オリンピックの結果を予測しました［146］．この間にバレーボール，バスケットボール，ホッケーのランキング制度が変更されています．

　予測対象試合は354試合，メダル数は30でした．提案手法と公式ランキングでの試合単位の予測正解数はそれぞれ258と250で，提案手法の予測精度が高かったですが，この差は偶然であるかもしれない（統計的な有意差がない）程度でした．

　メダルについては，色（順位）正解が9個（金4銀4銅1），メダル有無正解が17でした．公式ランキングは8個（金4銀2銅2）と15個で提案手法の方が良い予測結果でした．インターネット上で確認できた同様の予測では6〜10個と14〜19個と幅がありましたが，最良のものはAP通信［147］の10個，19個でした．ただし，30個と予測対象数が少ないため，いずれも統計的な有意差は認められませんでした．

　この大会のハイライトの一つは女子バスケットボールで日本チームが銀メダルを獲得したことです．私の予測ではホームアドバンテージとグループの抽選結果まで考慮し，日本を全体の2番手評価としていました．

他の予測手法でこれを明示していたものは私の調査内では見つけられていません.

「ホームアドバンテージ」は試合の開催地のチームが中立地と比べて良い成績（勝率，得点などで測る）を収められるという現象のことで，競技・種目を問わずにその証拠が報告されています [148][149][150][151]．ホームアドバンテージがすべての国・地域で均一であり，開催国・地域のチームのみに影響を及ぼすと仮定したとき，女子バスケットボールではその効果が約2.7点と算出されました．図5.5にホームアドバンテージを含むレーティングを示します．参加国内で最も評価が低い韓国を0とした相対評価値で，イロ・レーティングの勝率予測式4.6を利用できるよう変換しています．日本は僅差でひしめく2番手集団の中で全体の6番目の評価でしたが，ホームアドバンテージを含めると2番手まで評価が上がります．

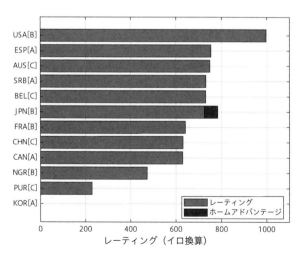

図5.5　東京オリンピック2020　女子バスケットボール　実力評価

　次に抽選の運の良さです．オリンピックでの大会形式では最初に12チームが4チームずつ3つのグループに分けられ，グループ内の総当たりを行います．各組上位の2チームと，3位のうち成績が良い2チームの合計8チームが準々決勝に進出し，その先は1戦ごとのトーナメント形式です．日本は優勝大本命のアメリカ（実際に優勝しました），フランス，ナイジェリアと同じグループBに入りました．アメリカと同組になることは一見運が悪いようにも思えるのですが，そうではありません．準々決勝の抽選の規則で「同じグループのチームは準々決勝で対戦しない」[152]があるためです．この大会形式で敗戦のリスクが最も大きいのは，敗戦が大会からの敗退に直結する準々決勝なのです（他の試合は1敗してもメダル獲得の可能性がなくならない）．もう一つの抽選は準々決勝でトーナメントのどこに入るかを決めるもので，ここでアメリカと対戦するのが準決勝なのか決勝なのかが決まります．アメリカと同組になった日本にとっての最良のシナリオは，**「グループではフランスに勝利し2位を確保し，準々決勝の組み合わせでアメリカと決勝で対戦する位置に入る」**でしたが，これが実際に起こったのです．

　もう一つのハイライトは予測が大幅に外れたことによって浮かび上がってきた事実です．私の手法は原則として直近数年間の試合の平等な評価であり，**予測が大きく外れることは「直近数年間で起きていなかった何かの兆候」**を与えてくれます．

　東京オリンピックでの予測を難しくしたのはフランスでした．予測ではメダル2個（銀1銅1）でしたが，実際に金3を含む5個（銀1銅1）と大躍進．10種目中半分でメダルを獲得できたことになります．

　ホームアドバンテージはオリンピック全体の成績にも現れます．最も単純なのは開催国の前回大会とのメダル数を比較することで，ほぼすべ

ての大会で開催国は前回大会よりもメダル数を増やしています [153].
日本も東京大会では58個のメダルを獲得. 当時最多だったリオデジャネ
イロ大会の41個を上回っています.

　図5.6に2000年のシドニー大会以降の開催国について前後2大会ずつ
を含めたメダル数の推移を示します. 全体の傾向として開催の前回大会
でメダル数が増え始め, ホスト国として開催する大会で最高となり, そ
の後数大会その成果が持続する, ということが読み取れます. これは誘
致が10年以上前から始まり, 開催決定が6~7年前であることが関係し
ていると思われます. 開催が正式に決定されると公的な予算やスポンサ
ーからの出資などが増えて強化が進み, 開催より前の大会でもその成果
が現れることがあるのです.

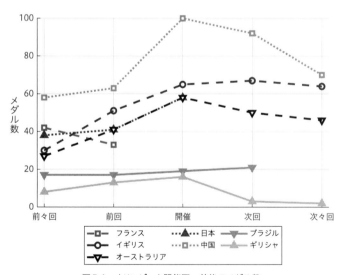

図5.6　オリンピック開催国　前後のメダル数

　フランスは2024年にパリ大会を開催します．2015年に立候補が締め
切られ，2017年に開催が決定しました．フランスは2016年のリオ大会で
同国史上2位の42個のメダルを獲得．東京大会では若干メダル数を減ら
してしまいましたが，多くの選手を必要とするチームスポーツでメダル
数を増やしていました．これらの競技で強化の成果が早く出たのかもし
れません．

⭐ ピタゴラス meets 野球（?）

　少しページを戻って，15ページで紹介した野球のピタゴラス勝率に再
登場してもらいます．

$$(勝率) = \frac{(得点)^2}{(得点)^2+(失点)^2} \tag{5.2}$$

この式を文字を使って書き換えましょう．

$$\hat{w} = \frac{R^2}{R^2+R_A^2} = \frac{1}{1+\left(\frac{R_A}{R}\right)^2} \tag{5.3}$$

　$\hat{w}$は予測勝率，RとR_Aはそれぞれ得点と失点（runs, runs allowed）で
す．ここで，$R = e^X$，$R_A = e^{X_A}$とすると，

$$\hat{w} = \frac{1}{1+\left(\frac{e^{X_A}}{e^X}\right)^2} = \frac{1}{1+e^{-2(X-X_A)}} \tag{5.4}$$

となり，これはイロ・レーティングを含む**一般式 5.1** に含まれています．
　式 5.1 で示す球技共通の予測モデルでは，aの値を調節することで各競
技ごとの得点割合と勝率の関係を表しました．野球ではたまたま a の値

が2に近かったというだけであり，ピタゴラスの定理とはなんとなく見た目が似ている以外の共通点はないのです（なので，私はこの命名にずっと違和感を感じていて，あまりよくない名前だと思っています）.

5.4 サッカーの予測に挑戦する
——ロシアワールドカップ編

オリンピックの次にはやはりサッカーの予測に挑戦したくなります．国際試合の結果をまとめた公開データ［154］を取得できたので，2018年のワールドカップロシア大会の予測に挑戦しました．予測モデルは各チームの実力評価値（レーティング）が各試合の得点割合を修正したものを表すように作成しました．得点の修正は式4.18のように実際の得点に一定の値を加え，完封の評価を変えられるようにしました．ホームアドバンテージも考慮しました．

図5.7に，ロシア大会の直近4年間の国際試合から導いた予測モデルを示します．横軸は対戦チームの実力評価値（レーティング）の差です．上図の縦軸は勝／分／負それぞれの割合を積み上げた値，下図の縦軸はその実力差で行われた試合数です．

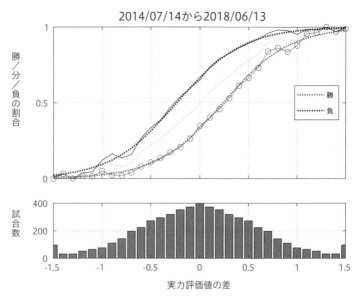

2014/07/14から2018/06/13

図5.7　サッカーの予測モデル（ワールドカップロシア大会直前）

　リオオリンピック同様，全試合について公式のFIFAランキングと予測性能を比較しました．また，公開されている統計的手法に基づく予測としてFiveThirtyEightとも比較します．

　FIFAワールドカップは32チームが出場し，4チームずつ8つのグループに分かれます．グループ内は総当たりで対戦し（6試合 × 8グループ = 48試合），上位2チームが決勝トーナメントに進みます．決勝トーナメントは3位決定戦を含んだ16試合です．全試合64試合中，グループステージでの引き分けが9試合あり，いずれも予測不正解としました．私の予測正解数は37．FIFAランキングとFiveThirtyEightはそれぞれ34と41で，FIFAランキングよりは優れているものの，FiveThirtyEightには及びませんでした．

私の予測では各試合の得失点のみを利用しています．これに対して
FiveThirtyEightの予測では選手ごとの情報として所属クラブやリーグ，
および推定市場価値などが予測モデルに含まれており［155］，各チーム
の実力推定に何が必要なのかの理解を与えてくれます．

　グループステージの勝ち抜け（4チーム中上位2チーム）については公
開されている予測をより多く見つけることができました．私は13チーム
の勝ち抜けを正解．FiveThietyEightをはじめとした統計予測企業や研
究者は13〜14チーム，FIFAランキングは12チームのみにとどまりまし
た．スポーツ総合雑誌のSports Illustratedは5名の記者の予測を紹介
していましたが，11〜13チームにとどまりました．リオオリンピックと
同様，公式ランキングは設計が適切ではなく，人間の記者は実力の定量
的な評価が苦手であることがわかりました．余談ですが，日本のグルー
プステージ突破を予測していたのは1つのみ（スポーツデータ企業の
Opta）でした．

5.5 ラグビーワールドカップ in Japan

　2019年には日本でラグビーワールドカップが開催されました．私が住
む愛知県では豊田スタジアムで試合があり，日本対サモア（88ページ）
を観戦することができました．日本が初のベスト8進出を達成したこと
も記憶に新しいです．

　すでに136ページでも紹介したように，ラグビーの世界ランキングは
ワールドカップの試合結果の予測性能が高いことが確認できています．

このランキングポイントをさらに予測性能が高いものにするため，試合間隔に着目しました．

　ラグビーは強い加速・減速や身体接触（タックルなど）が繰り返し起きる競技です．試合後には十分な回復時間が必要で，統括団体である World Rugby は試合後48時間以内は筋肉が回復していないため強度の高い練習を行うべきではないという「48時間ルール」を提唱しています [156]．

　各国のリーグ戦などは 1〜2 週間に 1 試合の頻度で開催されるのですが，ワールドカップは大会期間が限られます．最短の試合間隔を中 2 日としないと日程内に収まりません．また，参加する 20 チームを 5 チーム × 4 プールに分け，プール内での総当たりを実施するのですが，チーム数が奇数なのでどうしても各チームの試合間隔は一定になりません．

　図 5.8 にプールステージの試合日程を示します．

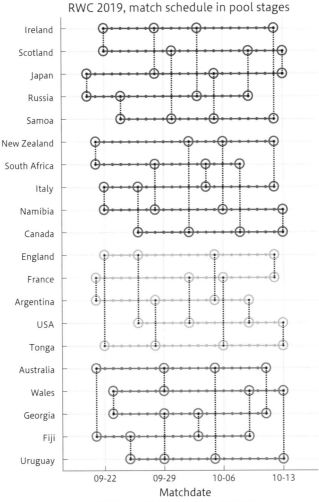

図5.8　ラグビーワールドカップ2019　試合日程

　開催国の日本は開幕戦に登場し，プールステージの最終日が最終戦で
した．つまり，最も余裕がある日程を享受できていたのです．こういっ

た開催国や上位国に対して有利な（余裕のある）日程はこれ以前の大会でも採用されていました．他の競技や大会でも珍しいことではありませんが，ラグビーの場合は試合間隔の差が体力の回復に直結するため，ワールドカップでの日程の公平性が継続して議論され続けています．

　私の分析方法では，ランキングポイントは十分休養を得た後の各チームの実力を表していると仮定します．さらに，試合を行うといったんランキングポイントが 0 となり，図 5.9 のように数日かけて本来のランキングポイントまで回復すると仮定したところ，試合結果の予測正解率が若干改善されました（この図はランキングポイントが 80 点の場合）．

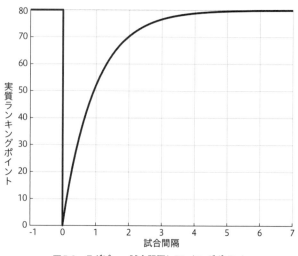

図 5.9　ラグビー　試合間隔とランキングポイント

　最短の試合間隔は 3 日（中 2 日）なので少なくとも 95％ 程度回復している（この割合を「回復度」と呼ぶこととします）のですが，ランキングポイント 1 点の差は試合での 2.5 点差に相当します（図 4.6）．ワール

ドカップに出場するチームのランキングポイントは70から90ポイントなので，中2日のチームは十分に試合間隔が長いチームと対戦したとき，7.5点〜9.5点の得点のハンデがあることになります．

　試合日程から求められる，各チーム2試合目以降のランキングポイントの回復度合いの平均値を図5.10に示します．平均回復度の順に並べてあり，横軸はその順序です（大会の最終順位ではありません）．この図を見ると，2011年大会では極端に試合間隔が短く不利な日程を強いられていたチームが複数ありました．それから徐々に改善され，2019年大会の日程はほぼ理想的となっていたことがわかりました．ホスト国の日本が日程面で有利であったことは事実ですが，2番目以降にナミビアやトンガなど，決勝トーナメントに進出していない国も含まれるなど，上位国の優遇はほぼ解消されたと考えて良いでしょう．

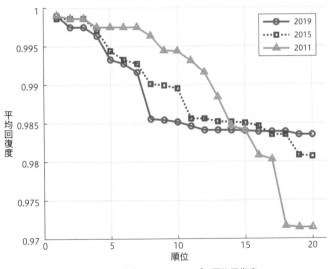

図5.10　ラグビーワールドカップ　平均回復度

　2023年のフランス大会では大会の総期間が7日も延長されました．日本大会ではプールステージ40試合を24日間で実施していましたが，フランス大会では31日間でした．試合がない日は日本大会では4日，フランス大会では10日と大幅に増加．試合がないとファンの関心が薄れてしまうかもしれませんが，選手の健康やパフォーマンスを優先した日程に変更されたのです．

5.6 サッカーの予測に挑戦する
——EURO2020編

　そして2020年，東京オリンピックとサッカーの欧州選手権（EURO2020）の年がやってきました．オリンピックはリオオリンピックと同様の予測モデルの検証（180ページ以降で紹介済みです）を行い，EURO2020ではヨーロッパに限定した場合に予測精度がどれくらい変化する（向上するのか）に挑戦する予定でした．

　しかし，2020年3月以降，新型コロナウイルス感染症（COVID-19）の拡大はスポーツにも大きな影響を与えました．国内スポーツがリーグ戦を中断するのみならず，国際的な移動を含むオリンピック予選も開催できなくなったのです．2020年3月の時点で出場国が決まっていない競技・種目も多かったのです．結果として，オリンピックもEURO2020も2021年に延期されます．

　私が勤務している大学でも通勤や授業のありかたが一変しました．研究発表のための出張もオンライン会議に変更され，学生の研究指導なども試行錯誤が必要でした．決して仕事の総量が減ったわけではないので

すが（通勤時間が減った恩恵はありましたが）, 時間や場所を柔軟に調整し, 電子化や自動化により業務を効率化することに強制的に挑戦させられました.

結果として, 私はこの時期にこれまで取り組んできたスポーツデータ関連の研究や, その周辺の知見をまとめる作業に時間を使うこととしました. 大学院の授業をスポーツデータと予測モデルに関するものに変更しそのテキストをまとめたり（196ページ）, 趣味と研究の両面で仕込んできたスポーツとデータに関する歴史やエピソードをまとめたりできました.

そして2021年6月, 1年遅れでEURO2020が開幕します. 私はワールドカップロシア大会と同じ手法で予測モデルを作成しました. 他の予測との比較のために調査を行っていましたが, これがなかなか大変です. ニュースサイトなどは優勝チームのみの予測が多く, 確率の値まで公開しているものはほとんど見つかりません.

そんな中, インターネット上で予測を集めて比較するコンペ（大会）を開催している人がいることを知ります. 主催者は予測を集めるだけではなく, 既存手法との比較も行ってくれるようなので, 腕試しと思い自分の予測を提出することとしました.

私が参加したのは有志の個人が開催しているものですが, 予測モデルを作成する分野ではこういったコンペが数多く開催されています. 大規模なサービスだと, kaggle (https://www.kaggle.com/) やSIGNATE (https://signate.jp/) などのサイトが有名です. スポーツも含まれていますが, より広い応用範囲で予測モデル構築の技術を競うためのコンペが日々開催されています.

私が参加したコンペで競うのは「**各チームがどこまで勝ち進むのかの**

確率」が現実とどれだけ近いのか，でした．私の予測モデルでは1試合ごとの勝ち・引き分け・負けの確率を算出できるので，それと大会形式（グループステージやトーナメントの形式）をプログラムし，多数のシミュレーションを実行して各チームの勝ち進みの予測確率を算出しました．

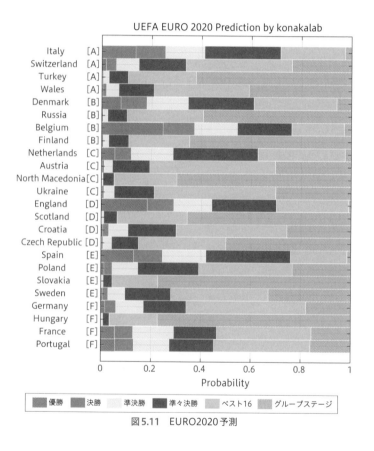

図5.11 EURO2020予測

さらにこの大会は過去に例を見ない，11か国で分散開催という形態でした（過去のEUROは1〜2か国での開催）．私のモデルではホームアド

バンテージを考慮しているので，これが予測性能に有利に働いてくれる
かもしれません.

提出した予測を図5.11に示します.

ベルギー，イングランドが優勝候補で，イタリアとスペインが追って
いる，という予測です.

EURO2020予測結果発表

予測を提出すると，開幕後は毎日の試合結果を見て自分の予測と比較
します. 時差があるので，深夜や起床時に答え合わせをするのが大会時
の楽しみです.

その結果，**約30種類の予測モデルのうち，私の予測が1位となりまし
た！**[157]

イタリアはグループステージを3勝0敗7得点0失点（！）という完ぺ
きな成績で1位通過すると，決勝トーナメントでオーストリア，ベルギ
ー，スペイン，イングランドに対して勝利し優勝を飾りました. 私が優
勝候補トップ4と評価していた3か国を破っての優勝です. 決勝トーナ
メント4試合のうち延長3試合，PK勝利2試合といういかにも「イタリ
アらしい」大会となりました.

予測モデルを構築する際に過去の大会の予測性能なども計算していた
ため，そこまで悪い順位にはならないだろうと思ってはいました. 根拠
は，ヨーロッパの各国代表チームが対戦する機会が非常に多いことです.
EUROはもちろんですが，その予選やワールドカップのヨーロッパ予選
でも対戦します. さらに，2018年には新しい大会として「UEFAネーシ
ョンズリーグ」（UEFA：ヨーロッパサッカー連盟）が創設されました.
ネーションズリーグは過去の成績に基づく上下の入れ替え制度を採用し

ていることが特徴で，実力の近いチーム間の対戦が多く組まれます．実力に差のあるチーム間の対戦が多いEURO予選やワールドカップ予選とお互いを補完することで，試合結果に基づく実力評価の性能が良くなるのではないか？という仮説を立てていました．

しかし，1位は正直予想外でした．こういった予測コンペは**「現実が予測に近づいてきた」から性能がよく見える**，ということも多いので，複数回の検証が必要です．次の機会はもちろん翌年のFIFAワールドカップカタール大会です．

5.7 サッカーの予測に挑戦する
——ワールドカップカタール大会編

これまでに紹介した活動ののち（時系列としてはEURO2020の後に東京オリンピック），2022年11月にはワールドカップカタール大会の予測に挑みました．ここでは**「学生を巻き込む」「くじを購入してみる」**という新たな試みもあわせて紹介します．

⭐ 学生を巻き込もう
——授業課題としての予測コンペ

193ページでも言及しましたが，私が大学院（名城大学大学院理工学研究科）で担当している授業はスポーツデータと予測モデルの構築方法を題材としています．また，予測モデルの研究開発分野では，性能を競うコンペが広く行われています．この状況を反映するため，授業でも授業期間内に開催される実際のスポーツ大会を題材として小規模なコンペ

を開催することとしました．一応公開コンペの形式として，ツイッターで告知して受講者以外も参加できる形としました（実際数名から参加いただいております．ありがとうございました）．

2020年度からこの小規模コンペを開始しています．授業は後期（9月から翌年1月）なので，12月以降に開催される大会を選ぶことになります．これまでに，ハンドボール世界選手権，バスケットボール（Bリーグ），フットサル（Fリーグ）などを対象としてきました．

通常6月から7月に開催されるFIFAワールドカップは授業の題材にできないのですが，カタール大会は開催国の気象条件（中東なので夏はサッカーができないほど暑い）を考慮して11月末からの開催となりました．やはりサッカー，それもワールドカップは知名度と注目度が違います．2022年度の授業では予測コンペの一つとして「FIFAワールドカップカタール大会予測」を開催することとしました．

⭐ 予測モデル構築とその心配事

授業内のコンペなので，主な参加者は受講生です．私の予測も参考として参加し，大会中や終了後に予測手法の概要の解説に利用します．過去数年の授業内コンペやEURO2020で好成績だったこともあり，予測手法はほとんど変更しませんでした．

何とかなるだろうと思ってはいたものの，一つ心配な点がありました．それは2018年大会までの4年間と，2022年大会までの4年間で「**UEFAネーションズリーグの創設**」「**COVID-19の影響**」という大きな出来事があったからです．

UEFAネーションズリーグは2018年に創設された，ヨーロッパ大陸内の各国代表チームが参加する大会です．UEFAに加盟する55協会の代

表チームをランキングに基づいて 4 つのリーグに分け，かつ成績によっ
てリーグ間の昇格や降格があるしくみの大会です．UEFA は伝統的に
EURO やワールドカップの予選でチームのランキングに基づく段階的選
抜を行っていませんでした（アジア，アフリカ，北中米などは一次予選，
二次予選，……のように段階的に選抜がある）．これらの予選では上位チー
ムは同じ組に入らないように組分けされるので，必ず実力上位と下位
の対戦が組まれることとなります．番狂わせという魅力もあるのですが，
チーム強化に適切なのは実力が近いチーム同士の対戦です．ネーション
ズリーグは UEFA 内で実力が近いチーム同士の対戦を増やす効果がある
のです．その一方，UEFA 内での試合数が増えるということは，それま
でに組まれていた他大陸チームとの国際親善試合が減ることを意味して
います（国際試合を行っても良いのは一年のうち限られた期間のみです）．

　そこにさらに COVID-19 が流行します．2020 年春には各国内のリー
グ戦が中断・中止．もちろん国際試合も軒並み中止となります．これに
より，通常 4 年周期でまわるサッカーのカレンダーが大きくずれること
となりました．図 5.12 および図 5.13 にブラジル大会開始からロシア大
会開始直前まで，およびロシア大会開始からカタール大会開始直前まで
の各大陸連盟間の試合数を示します．図中の線の幅が試合数に対応しま
す（注：AFC ＝ アジア，UEFA ＝ ヨーロッパ，CONCACAF ＝ 北中
米カリブ，CONMEBOL ＝ 南米，CAF ＝ アフリカ，OFC ＝ オセアニア
の各大陸連盟）．

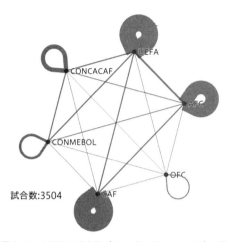

試合数:3504

図 5.12　大陸間の試合数（2014年6月から2018年6月）

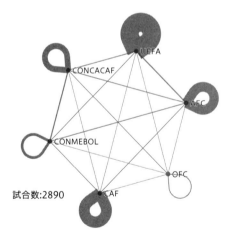

試合数:2890

図 5.13　大陸間の試合数（2018年6月から2022年11月）

　総試合数が3504から2890に減少していますが,UEFA内,CONCACAF内の対戦は増えています．それに対し，大陸間の対戦は明らかに減少しています．特にUEFA各国が他大陸チームとの対戦を減らしていることがわかります．

　私の予測手法はそれぞれの試合結果に基づき各チームの実力差を推定するのですが，異なるグループ（今回は大陸連盟）間の差の推定は対戦が多いほど精度が高くなります．大陸間の試合が少なくなってしまったので，大陸全体の平均的な実力差の推定値がその少ない試合の結果に敏感に反応してしまうことになります．

　このことが予測結果にどう影響を与えるのかはわかりません．というよりむしろ，**わからないからこそ現実が過去と比べてどうなっているのか？ということを明らかにするため**，あえて過去と同じ方法の予測を作成しました．図5.14に私の予測を示します．ブラジル，アルゼンチンの南米勢が優勢で，ヨーロッパからはスペイン，ベルギー，ポルトガルが第一グループです．日本がグループステージを突破する確率はおよそ30％．獲得できる勝点は4(1勝1分1敗)の確率が一番高そうです．

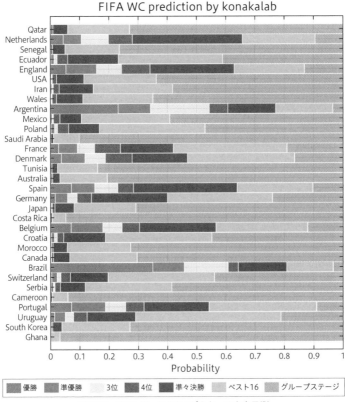

図5.14　FIFAワールドカップカタール大会予測

　授業内のコンペでは私，学生，一般参加者，インターネット上で予測を公開している企業・大学の研究グループ，FIFAランキング（2018年に，ランキングポイント差が予測勝率を表す方式に変更．144ページ参照）に加えて，以下の二つの予測も算出しました．

　一つは「予測について何も知識を持っていない」ことを想定したものです．サッカーの試合結果は勝ち，引き分け，負けの3つがあるので，そ

のいずれも1/3と予測する，という方法です．もう一つは授業の参加者の平均を算出したものです．統計学・経済学の分野では**「群衆の知恵（Wisdom of Crowds）」**[158][159]という現象が知られています．複数の異なる方法の予想を平均すると，それらが非専門家の予測であっても少数の専門家よりも良い予測であることがある，という現象です．この現象はスポーツ予測の大きな鉱脈である応用分野──ギャンブル──でも確認されており，ここでは「ブックメーカーの合意（bookmaker consensus）」と呼ばれています [160]．

　学生には予測モデル構築方法を数種類紹介しましたが，どれを選択するべきかは各自で判断すること，と指導しました．場合によってはアルゴリズムが単純なものしかプログラムを作成できずに苦し紛れで提出したものが含まれているかもしれませんし，逆に授業で紹介した手法と全く異なるものが採用されているかもしれません．自然とある種の多様さが含まれ，その平均が現実を正しく予測する可能性があります．

⭐ コンペ序盤
──グループステージで躍進したチーム

　そして現地時間2022年11月20日，開催国カタールがエクアドルと対戦し大会が開幕します．カタールが0-2で敗北しますが，これまでの実績を考慮すると順当であるようにも思えました．翌21日の3試合も予想の範囲内という結果でした．

　そして大会3日目，大会序盤で大番狂わせが起きます．サウジアラビアが優勝候補のアルゼンチンに勝利したのです．そしてその後も，これまでワールドカップで勝利を伸ばせてこなかったアジアとアフリカ各国が躍動します．日本はヨーロッパの強豪・優勝経験国であるドイツとス

ペインに対して連続して逆転勝利してグループ1位で決勝トーナメント
に進出．韓国もウルグアイとのグループ2位争いを制してグループステ
ージを突破しました．アフリカ諸国（ガーナ，セネガル，チュニジア，
モロッコ，カメルーン）は7勝3分5敗，セネガルとモロッコの2か国が
決勝トーナメントに進出するなど，過去最高の成績となりました．

　これらの番狂わせの要因として，開催地（中東のイスラム圏），時期
（通常とは異なる11月から），気候なども考えられますが，主要因として
はこれまで中堅以下と思われてきたアジア・アフリカなどの地域での強
化が進んできていることをあげたいと思います．

　ここまでの予測コンペの途中経過を図5.15に示します．

順位	ID	予測性能評価値	グループステージ
1	平均	1.4272	
2	学生09	1.4396	
3	学生03	1.4494	
4	FIFAランキング	1.4634	
5	学生04	1.4703	
6	学生02	1.4802	
7	Opta	1.4872	
8	JX	1.4872	
9	FiveThirtyEight	1.5024	
10	一般01	1.5354	
11	学生05	1.5389	
12	学生06	1.5404	
13	Google	1.5463	
14	KULeuven	1.5496	
15	無知	1.5850	
16	学生08	1.5994	
17	学生01	1.6368	
18	小中(教員)	1.6382	
19	学生07	1.7489	
20	学生10	4.2383	

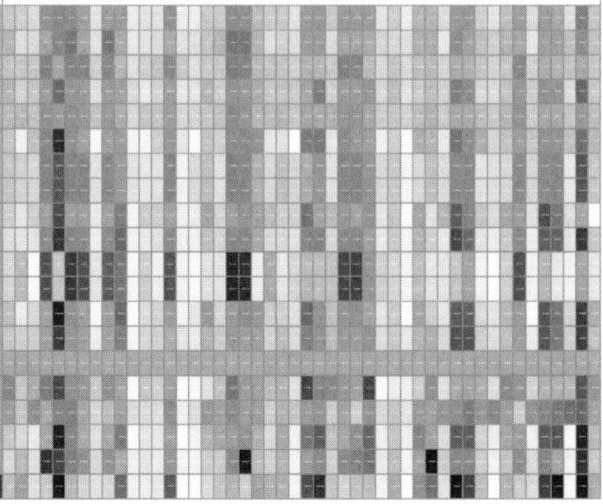

凡例：各列は試合（実施順）．白いほど結果が近い．
順位は予測評価値の平均に基づく

図5.15　コンペ中間結果（グループステージ終了時）

　評価値は0以上の値で，小さい（0に近い）ほど性能が良い予測である
ことを示しています．

　私の予測結果は「無知」よりも性能が悪い，という結果になってしまいました．他の研究機関や企業が公開している予測も同程度のものがあり（Googleも苦戦！），過去の結果から予測することが難しいグループステージだったことが確認できます．

　グループステージ後に自己分析すると，「アジアやアフリカ諸国の実力を過小評価していた」ことに尽きるのですが，その原因は197ページ以降でも心配していた「各大陸連盟間の試合の少なさ」でした．私の手法では対象としている期間（約4年間）の試合結果すべてをうまく説明するように実力を推定するのですが，少ない試合の結果に各大陸連盟全体の評価が引きずられてしまい，その結果アジアやアフリカが過小評価されたのです．

　予測順位の表に戻ると，FIFAランキングの予測性能が高いことがわかります．現在のFIFAランキングは**「試合ごとにランキングポイントを交換する」**方式なのですが，COVID-19の影響で試合が少なくなりポイントの移動量が少なくなったことがワールドカップの予測に関しては（結果的に）功を奏したことになります．

　そして驚くべきは，**なんと「平均」がこの時点での予測性能1位となったことです．**「群衆の知恵」の状況がこのコンペでは再現されたことになります．参加者（主に大学院生）の予測手法を確認すると，FIFAランキングに近い手法（イロ・レーティングやそれを修正したもの）や独自の方法が混在していました．今大会は現実がそれら異なる手法のちょうど中間点で起きたことになります．

5.8 自腹でWINNER(サッカーくじ)に挑戦してみた

『サッカーマティクス』[161] という，私の愛読書があります．サッカーの数学的な側面や解釈についてのこれまでの研究成果を，著者のサッカー愛あふれる記述で楽しめる書籍です．どこを読んでも楽しいのですが，私は特に後半の「自腹でブックメーカーに挑んでみた」が大好きです．

「ブックメーカー」は未来に起こる出来事の予測をギャンブルとする胴元業者のことです．もちろんスポーツはブックメーカーの格好の題材．サッカーの試合結果も賭けの対象となっています．ブックメーカーは賭けの売り上げの一部を手数料（これがブックメーカーの利益となる）として徴収したのち，残った金額を予想の当選者に分配します．

章題の通り，著者がいくつかの手法で試合結果を予測し，実際にブックメーカーで予想を購入した顛末がドキュメンタリー風味で描かれています．結果についてはもちろん書籍を読んでいただきたいのですが，予測を伴うギャンブルの体験者が一度は夢見ること，——「**予測の正解率を上げてギャンブルで一儲けしたい！**」——の一つの実例となっています（「スポーツの結果予測の数学モデルを研究しています」と話すと，かなりの割合で「賭けで儲けられるんじゃないの？」と返されてしまったときに，この本の顛末を紹介するようにしています）．

さて，ここで話をワールドカップ期間内に戻します．実は本書の執筆企画はワールドカップの開幕直後に技術評論社さまから声をかけていただいて始まりました．書籍内容の打ち合わせ時に既存書籍として『サッ

カーマティクス』を挙げて，「ブックメーカーに挑戦するエピソードが好きなんですよねー．でもワールドカップ始まっちゃいましたし，オンラインのブックメーカーで日本から買ってよいものかどうか……」のような話をしました．

そしてワールドカップと本書の執筆が進むのですが，ここで WINNER の存在に気づきます．WINNER(https://www.toto-dream.com/landing/winner/ad/index.html) は1試合ごとに得点を含めた結果を予測して購入できるスポーツくじです．2022年9月から始まり，ワールドカップの試合も予測対象です．

（予測性能の良い「平均モデル」があるし，何より書籍のネタになるのではないか．二番煎じだけれどもやってみる価値はあるかも……）

思い立ったが吉日．WINNER にユーザー登録し，予測を提出してくれた大学院生には「予測の情報を利用すること」「もし儲かってしまったときは利益をどうにかして還元すること」を説明．**「自腹で WINNER に挑戦してみた」**の開幕です．

⭐ ギャンブルに勝つための方針

私のくじ購入の方針を説明するため，予測に投票する方式のギャンブルで当選金を多く得るために知っておくべきことをおさらいしておきましょう．

WINNER をはじめ，日本で運営されている公営競技の多くや国外のブックメーカーが主催しているくじは，取りうる結果の中からいくつかを選んで投票する方式です．それぞれの選択肢にはもし正解したときに何倍になって投票者に返却されるかの倍率，つまり**オッズ**が設定されています．

表5.2に日本対クロアチア戦のそれぞれの選択肢（両チームの得点），
実際の投票数とオッズを示します．

表5.2　WINNERのオッズ（日本対クロアチア）

日本	クロアチア	投票数	オッズ	払戻金額
1	0	197,764	4.9	193,808,720
2	0	155,275	6.3	195,646,500
2	1	234,919	4.2	197,331,960
3	0	57,383	17.2	197,397,520
3	1	98,930	9.9	195,881,400
3	2	77,096	12.8	197,365,760
4 以上	3 以下	40,243	24.5	197,190,700
0	1	158,451	6.2	196,479,240
0	2	144,084	6.8	195,954,240
1	2	162,037	6.0	194,444,400
0	3	54,205	18.2	197,306,200
1	3	78,209	12.6	197,086,680
2	3	51,194	19.3	197,608,840
3 以下	4 以上	38,088	25.9	197,295,840
0	0	126,691	7.7	195,104,140
1	**1**	**177,435**	**5.5**	**195,178,500**
2	2	99,501	9.9	197,011,980
3 以上		24,748	39.9	197,489,040
	合計投票数	1,976,253		
			売上金額	**395,250,600**
			払戻率	**49.4%**

合計投票数は約200万，1票200円なので売り上げは約4億円でした．
選択肢は前後半90分終了時点での得点の組み合わせです．この試合は
90分を1対1の引き分けで終えました．この選択肢には約18万票が投票
され，当選者のオッズは5.5．つまり200円で購入したくじが1100円に
なって戻ってきます．（投票数）×（オッズ）×（200円）を計算すると

払戻金額が計算でき，およそ 2 億円です．総売上金額の 50％ 程度が払い戻されています．

　払戻金額は他の選択肢であったとしてもほぼ同じです．というよりも，**払戻率が同じ（およそ 50％）となるように，投票数の割合からオッズが決定されるのです**．ですので，くじの販売開始直後と締め切り直前ではオッズが大きく異なることが珍しくありません．WINNER は販売終了時点でのオッズが全投票者に適用される方式です．

　「払戻率 50％」 は「スポーツ振興投票の実施等に関する法律」および「スポーツ振興投票の実施等に関する法律施行令」によって定められています．ここで，売り上げの 50％ は運営の経費やくじの販売会社の利益となるのですが，スポーツ環境整備（スポーツ振興くじ助成）やスポーツチームへの支援金にも利用されることが明示されています．売り上げの一部を活用することを目的とし，その売り上げを確保するためのアトラクションとして結果予測を採用している，とみることもできます．

　私が WINNER に挑戦する際，この「払戻率 50％」が非常に悩ましい点でした．かなり良いオッズの選択肢を続けて的中させないと，払戻金が購入金額を上回れません．ですので，このプロジェクトでの目標は **「払戻金額が購入金額と同程度であれば大成功，80％ 程度払い戻しされれば成功」** としました．補足までに，国外のブックメーカーの払戻率は 90％ を超えるものが珍しくありません．

　愛読する『サッカーマティクス』での挑戦同様，私も自分自身にルールを課すこととしました．

● **ルール 1：数学的な予測モデルを構築し，その予測に基づき払戻金額が多くなるような投票戦略を採用する**

- ルール2：予測モデルの構築はすべて自分自身が明確に説明できる
  手順のみで構成し，プログラミングする
- ルール3：予測モデル構築に利用するデータは過去の国際試合の日
  付，得失点，および試合の開催国のみとする
- ルール4：予測対象は決勝トーナメント16試合．予算は5万円（1試
  合当たり3000円強）を目安とする

　重要なのはルール1での「投票戦略」です．払戻金額を多くするため
にはどの選択肢に投票すればよいでしょうか？　このとき，「起こりそう
な選択肢」に着目するのは不十分です．この選択肢は当選する可能性を
高めますが，オッズによっては払戻金額が少ない場合も珍しくありませ
ん．したがって，**「その選択肢に投票したときに期待できる払戻金額」**を
計算する必要があり，ここでは起きる可能性とオッズの掛け算を計算す
ることになります．自分の予測モデルの方が現実と近く，オッズが現実
からずれている場合に，払戻金額を大きくできる選択肢に投票するのが
基本方針となります．

　では，自分の予測モデルの方がオッズよりも現実に近い，ということ
はどのように確認すればよいでしょうか？　オッズは「群衆の知恵」の
結果なので，一人の予測よりも精度が高い可能性があります．

　グループステージ48試合について，引き分けに投票されている割合を
試合ごとに算出し，その合計を計算したところ9.79でした．実際には
10試合（20.8％）引き分けがあったので，オッズは若干引き分けの確率
を過小評価している可能性があります．しかし，この差は十分大きいと
は言えなさそうです．

　予測対象は決勝トーナメントです．ワールドカップの決勝トーナメン

トは敗北が大会からの敗退を意味し，これがグループステージとは異なります．直近3大会の48試合では，90分での引き分け（延長戦）は実に17試合，35.2%に上ります．決勝トーナメントではどのチームも「敗北を嫌がる」傾向にあるようです．そして，**オッズを形成する多数の投票者がこの事実に気が付いていない場合，私がオッズを出し抜く可能性があります．**

この事前調査と優秀な平均モデルを基礎として，各チームの得点の確率を算出する新たなモデルを作成しました．平均モデルで予測される勝敗の確率と近くなるように，両チーム合計の平均得点が2.6点前後（2014〜2022大会グループステージまでのおおよその平均得点）となるように調整しました．そしてその平均得点に従うポアソン分布で両チームの得点確率を作ります．この手順は45ページ以降で紹介した手順です（ここでポアソン分布が活用されます）．

結果として，引き分けの予測確率をグループステージよりも若干大きめに見積もった約25%とする予測モデルが完成しました．WINNERで投票できる18通りそれぞれに対して予測確率を計算し，その時点で公表されているオッズとの掛け算を計算します．この値が0.7を超えるような，払戻率（0.5）よりも私に有利な選択肢があればそれに優先的に投票する方針としました．

ここまでの作業が終わったのが12月3日の午後．深夜には決勝トーナメントが始まるので急いでくじを購入しなくてはいけません．決勝トーナメント1試合目，オランダ対アメリカは「1対1（予測払戻率0.832）」「オランダ4点以上の勝利（同0.792）」の2つにそれぞれ5口（1000円）ずつ投票しました．期待払戻金額が1624円となる予想です．

オッズは時間とともに変化し，購入が早すぎると締め切り時のオッズ

と大きく異なる場合がありますから，できるだけ購入は後回しにした方が良いのです．しかし翌日12月4日からは久々の国外出張の予定が！作業は終わっていませんが，中部国際空港に移動し，ホテルにチェックインした後にも作業・購入を進めます．

12月4日 起きたら3日深夜の2試合（オランダ対アメリカ，アルゼンチン対オーストラリア）は外れていました．決勝トーナメントの試合はアジアでの深夜に行われるので，これから決勝戦まで，夜：購入→深夜：試合→翌朝：結果確認，を繰り返します．

> 経過：2試合．当選0／払戻金額0円／期待払戻金額3286円／
> 購入金額4000円

その後の出発ロビーで搭乗開始10分前まで作業して，購入可能な試合をすべて購入．何とか滑り込みで「自腹でWINNERに挑戦」を始めることができました．

渡航先はシンガポール．気が付いてみれば当たり前ですが，WINNERは国外からは購入不可能だったので，空港で頑張って購入したのは正解でした．またカタール大会はインターネットで全試合無料配信されていたことが話題になっていましたが，こちらも当然のように「お住まいの地域ではご視聴できません」．日本対クロアチア戦はどこで見よう？

12月5日 4日深夜の2試合（フランス対ポーランド，イングランド対セネガル）はいずれも不正解．

日本対クロアチア戦はホテルのスポーツバーで観戦イベントがあったので，そこに参加．

日本対クロアチアの予測購入時には，やはり「もし勝ったときにそれ

を購入していないといやだな……」という心理状態になってしまい，事前の方針を曲げて「日本勝利・引き分けをすべて購入する」としてしまいました．結果としては90分で1対1．WINNERは当選しましたが，試合結果は皆さんご存じの通り（PK方式でベスト16敗退）．勝ち進んでほしかったですね……．

> 経過：5試合．当選1／払戻金額5500円／期待払戻金額14559円
> ／購入金額17000円

12月6日　日本戦終了後深夜に就寝でしたが，翌日6日朝からは主目的の国際会議．指導中の大学院生の発表でした．深夜に終わっていたブラジル対韓国（4-1）はブラジル勝利のオッズが低かったので購入対象外で，外れ．

> 経過：6試合．当選1／当選金額5500円／期待払戻金額18463円
> ／購入金額17000円

　この日の深夜の試合で，モロッコ対スペインは「0-0（予測払戻率1.37）」など，1.0を超えるものが2つ，0.8以上が4つあるなど，オッズと自分の予測に大きな差がある様子．引き分けを願いつつテキスト速報を眺めていました．

　もう1試合のポルトガル対スイスは両チームの「4点以上の勝利」は予測払戻率が1.0付近と好条件だったため，これらを購入．

12月7日　主目的の国際会議2日目．朝食前に深夜に終わった2試合の結果を確認すると，**なんと2試合とも的中！**　モロッコ対スペインの

「0対0」とポルトガル対スイスの「ポルトガル4点以上の勝利」はそれぞれオッズが11.0倍と10.8倍と高配当でした！

経過：8試合. 当選3／払戻金額27300円／期待払戻金額24055円／購入金額25000円

　予測対象試合半分の時点でなんと払戻金額が購入金額を上回ってしまううれしい誤算. 金額だけを考えるとここでやめてしまうのが適切なのかもしれませんが，研究の検証と書籍のネタなので初志貫徹して決勝まで予測を続けることとしました. 幸い次の試合は帰国後なので，試合直前まで作業が可能です.

　というのも，購入時点のオッズであれば払戻金はさらに多い39000円でした. 出国時点では購入者が少なかったため，試合開始までにオッズが大きく変動したと思われます. 投票項目の選択には最新のオッズを利用するので，遅くまで作業できるのに越したことはありません.

12月9日　シンガポール深夜発，名古屋早朝着の便で帰国. 時差がないのでちょっとは体が楽でした.

　夜まで休み，2試合（クロアチア対ブラジル，オランダ対アルゼンチン）を購入. クロアチア対ブラジルは1-0, 1-1, 0-1の3通りを購入. 0-0の予測払戻率が0.706で非常に迷いましたが購入を見送ることに. オランダ対アルゼンチンは「アルゼンチン4点以上の勝利」しか良い選択肢がなく，これを2000円購入.

12月10日　ブラジルが0-0から延長を経てPK方式で敗退！　迷って購入しなかった0-0が当たってしまいました. アルゼンチンは延長ののちPK方式で勝利. これでふたたび購入金額が払戻金額を上回りました.

> 経過:10試合. 当選3／払戻金額27300円／期待払戻金額29053円
> ／購入金額31000円

　準々決勝残り2試合(モロッコ対ポルトガル, イングランド対フラン
ス)も購入. オッズが自分の予測と近く, どの選択肢も期待払戻金額が
高くないので, もし当たるとしても見返りが少ない条件でした.

12月11日　2試合とも外れ. ただ, 当たっていたとしてもオッズが低
いので評価が難しいところです. **「自分の予測を信じて, 自分に有利な選
択肢を選び続けてひたすら待つ」**が最適な方針だとはわかっていますが,
外れが続いている状況で自分で投票先を選択すると, どうしても当たり
やすそうな選択肢も選びたくなってしまいます. 自分はあまりギャンブ
ルに向いていない気がしてきました.

> 経過:12試合. 当選3／払戻金額27300円／期待払戻金額33626円
> ／購入金額37000円

12月13日　ここからは1日1試合なので, 購入も1試合ずつとしまし
た. アルゼンチン対クロアチアで最初の方針を満たす選択肢が「アルゼ
ンチン4点以上の勝利」しかなかったので, 若干ゆるめて「3-0」も購入
しました. ブラジルが敗退した試合を買わなかったことが精神的に響い
ています.

12月14日　シンガポールと名古屋の気温差が大きかったためか, 体
調があまりよろしくなく夜更かし観戦できませんでした(シンガポール
は湿度が高く最高気温が30度前後. それに対してこの年の名古屋の冬は
寒かったです……).

起床して結果を確認するとなんと**アルゼンチン3-0の勝利で予測正解！**現実が予測に近づいてくれました．

　払戻金額が購入金額とほぼ同じに．払戻率50％を13試合購入してこの成績は大健闘で，最初に成功の基準とした80％の払戻率（5万円の予算で4万円払い戻される）はほぼ達成できました．

> 経過：13試合．当選4／払戻金額39900円／期待払戻金額36610円
> ／購入金額40000円

　夕方は大学院の授業で出張とWINNERの途中経過について受講者に報告．その後，深夜のフランス対モロッコはロースコア（1-0, 0-0, 1-1）の払戻率が良さそうなので，これら3点を購入しました．

　12月15日　フランス対モロッコは2-0で外れ．出張中に処理できなかった本務を粛々とこなした一日でした．

> 経過：14試合．当選4／払戻金額39900円／期待払戻金額38770円
> ／購入金額43000円

　12月17日　午前中に名古屋市内での研究会に参加したのち，夜にクロアチア対モロッコの購入．作業時点で引き分けがよく売れていて，ここでのオッズはあまり有利ではありませんでした．有利な選択肢は「どちらか4点以上で勝利」「1-1」という極端な場合しかなく，決勝の方に予算を多く残しておきたいので3000円分を購入しました．

　12月18日　3位決定戦（クロアチア対モロッコ）は2-1で正解ならず．

経過：15 試合. 当選 4／払戻金額 39900 円／期待払戻金額 40771 円
／購入金額 46000 円

この日は関東方面に予定があったので決勝の投票を早めに済ませました. 私の予測ではアルゼンチンが若干有利でしたが, オッズはフランスが優勢. また, オッズでは複数得点が人気だったので, こちらに有利と思われる「0-0」「1-0」「0-1」「1-1」と, 「アルゼンチン 4 点以上の勝利」を購入.

さて新幹線に乗ろうか……と名古屋駅の改札を抜けると, なんと新幹線が運休！　数時間粘りましたが予定に間に合わない時間になってしまったので, 深夜の決勝戦に気持ちを切り替えて帰宅しました. 原因は架線が切れたことだったそうです.

そして決勝戦. メッシとムバッペのどちらが栄冠をつかみ取るか？という意味合いの濃い試合でした. 非常に劇的な展開で, 90 分は 2 対 2 でWINNER 的には引き分け. 予測は外してしまいましたが, 延長戦以降も含め, そんなことはどうでもよくなる展開でした. いやー, サッカー面白いですね.

経過：16 試合. 当選 4／払戻金額 39900 円／期待払戻金額 43980 円
／購入金額 50000 円

ということで, 「自腹で WINNER に挑戦してみた」は約 80％の払戻金獲得, という結果でした. 当初に掲げた基準だと「成功」です. 払戻率 50％のくじを 16 回買ってこの成績は大健闘だと思っています.

図 5.16 に, 購入金額, 期待払戻金額, 購入時オッズでの払戻金額, お

よび実払戻金額それぞれの累計を，試合ごとに示します．

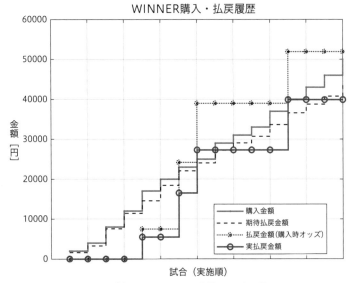

図5.16 「自腹でWINNERに挑戦してみた」結果

　期待払戻金額が約88%となる選択肢に投票し，実際に戻ってきたのは約80%でした．当選した試合のオッズはすべて購入時よりも低くなっていて，購入時でオッズが確定する方式であれば払戻金額は51900円と購入金額を上回っていたことがわかります．

　16試合中90分での引き分け数は5で，割合は30%を超えていました．WINNERの購入者が引き分けの割合を実際よりも低く予想しており，それが原因でできた自分にとって有利なオッズの選択肢を選ぶことができた，と言ってよさそうです．ただ，私が作成した予測モデルは引き分けを25%程度と見積もっており，ここをどのように判断するかが今後の

課題となりそうです.

 ## カタール大会を終えて

　決勝後, WINNER の収支計算をまとめた後に大学院でのコンペも集計
しました. 結果を図 5.17 に示します.

順位	ID	予測性能評価値	グループステージ	決勝トーナメント
1	学生02	1.2817		
2	平均	1.2846		
3	学生09	1.2984		
4	FIFAランキング	1.3063		
5	学生03	1.3171		
6	Opta	1.3311		
7	JX	1.3348		
8	学生04	1.3386		
9	FiveThirtyEight	1.3489		
10	一般01	1.3603		
11	KULeuven	1.3736		
12	Google	1.3781		
13	学生01	1.4281		
14	学生08	1.4326		
15	無知	1.4387		
16	学生05	1.4406		
17	学生06	1.4418		
18	小中(教員)	1.4536		
19	学生07	1.5154		
20	学生10	3.5259		

凡例：各列は試合（実施順）. 白いほど結果が近い.
順位は予測評価値の平均に基づく

図 5.17　コンペ最終結果

　グループステージの予測は三択, 決勝トーナメントは二択なので, 決
勝トーナメントでは評価値の値そのものは小さくなる傾向にあります.
最終的には学生が予測性能1位を獲得しましたが, 参加者の平均モデル
はそれに次ぐ2位でした. FIFA ランキングが健闘し, 各企業・研究所が
開発した予測モデルは後塵を拝することとなりました.

　私のモデルは決勝トーナメントでも大陸間の実力差の推定誤りを引き
ずり, 無知モデルよりも悪い, という評価でした. EURO2020 では好

成績の手法でしたが，スポーツの結果予測の奥深さを感じられる結果となりました．

　こうしてワールドカップとともにWINNERへの挑戦は終わり，予測モデルの力をある程度は把握することができました．WINNERは払戻割合が相当厳しいので，お金を増やす目的では全く使えなさそうである（少なくとも私が今後その目的で購入することはない）ということもはっきりとわかりました．

　さらに，こういったくじを購入した方が試合を楽しめるのかどうかには個人差があると思うのですが，私自身は「あまり楽しめなくなる」方だな，ということもわかりました．ワールドカップなどの大きな大会を見るとき，過去の実績や予選の成績等からなんとなく両チームの実力差と展開を予測してから観戦するのですが，それはあくまでも「予測」であって「願望」ではありません．くじを買ってしまうと「願望」が強くなってしまい，試合の見方が変わってしまうなぁ，と実感しました（例えば，「もう1点をどうやって取るのかな？」が「もう1点取ってくれ！」になってしまう）．

　この後，私は本書の執筆に本格的に取り掛かることになります．そこからの成果物はすでに皆さんにご覧いただいた通りです．

おわりに
——スポーツをデータで楽しんでる!

　この題名のこの本を手にしていただき，あとがきまで到達していただきありがとうございます．立ち読みであとがきから読んでいるあなたにも御礼申し上げます（購入していただいたあなた，最高です!）．

　「スポーツをデータで楽しもう!」から始めた本書ですが，それがどういったことなのか感じていただけたのであれば幸いです．そうでない場合は著者の力不足です．

　本書執筆をご提案いただいた技術評論社・佐藤さんをはじめ，組版，デザイン，印刷から販売に至るまでに関わってくださった皆様に御礼申し上げます．SNSなどインターネット上での発信が仕事につながることなど自分には無縁と思っていましたが実現してしまいました．これからも気負わず軽やかに知見，成果や感想を発信し続けようと思います．また，卒業論文や修士論文で一緒にスポーツデータの研究に取り組んでくれた研究室卒業生にも感謝しております．成果を本書に全て盛り込んだわけではありませんが，自分一人では関心を持てなかった競技に目を向けるきっかけをもらっています．大学院の授業を受講し，性能の良い予測を実現してくれた受講者にも感謝しています．WINNERで大儲けしたら彼らにも還元したほうが良いのだろうか?と思っていましたが，取らぬ狸の皮算用だったようです．収支はマイナスだったので，本書執筆の経費とさせてください．

　本文中でも言及しましたが，本書の執筆はFIFAワールドカップ開催中の2022年11月に始めました．授業や研究指導の間に時間を作っていましたが，どうしても自宅で深夜に作業するのが進みが早い時期もあり，

家族にもそれなりに迷惑をかけていたと思います．何も言わないでいてくれた妻と，休日の埋め合わせでなんとか納得してくれた娘たちにも感謝を伝えます．

こういった書籍を書くことの一つのご褒美は，あとがきを自由にかけること，らしいので少し自分の話をさせてください．

スポーツ観戦が好き，と言うと「何か競技をやっている（いた）んですか？」と聞かれることが多かったです．最近はスポーツ実践経験なしの観戦が老若男女問わず広まってきて，「観る専門です」と答えても特に何も思われなくなって来たように思います．小学生の頃に父親に連れられたプロ野球（ナゴヤ球場）が私にとってのスポーツ観戦の原体験で，テレビ中継されるオリンピックなどの世界大会が自分にとっての「世界への扉」でした．1990年代初頭，NHK-BSでNBA中継を見て，こんな世界があるのか！と衝撃を受けたのが懐かしいです．この三十数年で「観る趣味」としてのスポーツが競技，地域，および形態いずれにおいても多様になってきたのは，一人の観戦専門スポーツファンとして嬉しい限りです．

大学入学後に参加したサークル活動（クイズ研究会でした！）で，スポーツ観戦が好きな友人に恵まれました．職を得てからはお金がちょっと自由に使えるようにもなり，グループでも一人ででも，「よく知らない競技だけど有名な大会があるから観戦に行ってみるか」の精神でフラフラと各地のスタジアムに足を運んでいます．現地観戦したことがある競技は野球，サッカー，バレーボール，モータースポーツ（F1，MotoGP），バスケットボール，ラグビー，フットサル，アメリカンフットボール，陸上，大相撲，アイスホッケー，バドミントン，フィギュアスケート，レスリング，クロスカントリースキー，競馬……くらいだ

と思います．少ないとは思わないのですが，多いかどうかはわかりません．東京オリンピックで観戦未体験の競技のチケットを複数持っていましたが，皆様ご存じの通り現地観戦はかないませんでした．それが残念です．

中継であればオリンピックでやっている競技のほとんどは1試合は通して見たことがあるはずです．これも少ないとは思っていないのですが，多いかどうかはわかりません．Jリーグ（名古屋グランパス）を見るためにDAZNに加入しているのですが，本書執筆中にインドのクリケットのプロリーグ（Indian Premier League, IPL）の配信を見つけ，中継観戦デビューがかないました．T20という短い（それでも3時間以上かかる）形式なのですが，大学生の頃からの念願だったクリケット観戦が思わぬ形で実現しています（クリケットって一番正式なルールだと1試合5日間，ランチもティータイムもある，と聞いたら観てみたくなりませんか？）．この年齢でも，いまだに世界のメジャースポーツを初体験できる機会があるのは幸せですね．

ただ，これだけの種類を観ているということは，一つの競技にかける時間はそんなに多くはないということと表裏だったりします．最近一番関心のある名古屋グランパスでも全試合は観ていませんから……．一時期サッカー日本代表がいちばんの関心事だったのも，地上波で手軽に見れて，なおかつ全試合観ようと思えば観れる試合数だったからだ，としばらくして気づきました．特定のチームや選手にどっぷりと，ということも，各競技の戦術や技術を詳しく勉強するということもなく，というよりもできず，ふんわりとした趣味のまま今に至ります．

なんというか，自己分析の結果としては，性格の根が飽きっぽいのだと思っています．スポーツ以外にも音楽，漫画，芸術，文学，哲学のポ

ップなものからそうでないものまで，時々興味を持ってはちょっと触れて次の興味に移り変わる……を一生続けている感じがします．どれだけ気に入っているミュージシャンがいてもツアー全通はできない方のファンです．一時期熱心に読んでいたSFは今では全然読めません．展覧会の図録も買わなくなりました．飽きっぽいのが原因なのか結果なのかはわかりかねているのですが，スポーツや仕事にしている研究分野で，「なるべく少ない規則で合理的に説明する」ことが好きでちょっとだけ得意だったりするようです．思い起こすと中学の体育の時間でいちばん好きだったのはルールを覚えて審判をすることで，その頃からスポーツの歴史や雑学の本を探して読んでいました．

　幼少期からの観戦体験，今よりも少ない娯楽の種類と量，生来の飽きっぽさと合理的に説明したがる性格……，が相まってさまざまなスポーツを浅く広く観戦するようになった，というのが人生折り返しをとうに過ぎてからの振り返りです．大学教員になってから，大学院の研究で勉強した数理的な手法とプログラミングの技術を使ってうっかりスポーツデータで遊び始めてしまう……といういきさつは本文でも言及済みです．プログラミングはスキルは高くないのですが，やっていてつらいとは感じず続けられるので仕事の一部にできています．スポーツを観るのが好きなのにちょっと深くなると全然わからない！というストレスを，かろうじて自分が使えそうな道具である数学と科学とコンピュータで何とかして解消したいのかもしれません．

　こういった諸々の結果として，細々と溜めこんできたスポーツ観戦の知識を仕事としてまとめてしまったのは，書き終えた今でも奇妙な気分です．

　執筆をひと段落させた今になって振り返ってみると，本書は自分の人

生の一部をごそっと移植したようなものでもあります．「人間誰でも本を1冊書けるくらいの人生を送っている」というような格言を聞いたことがあるような気がします（気のせいかもしれません）が，まさしくそんな本ができあがりました．本書執筆の動機をたどるとたどり着く父は，かなり遠いところに旅立ってしまい直接報告ができないのですが，もしこの本を渡したらどんな反応をするのかな，と想像しつつこのあとがきを書いています．まぁ，スポーツ以外の興味関心はそこまで一緒ではなかったので，特段の感想はもらえないような気もしていますが，それはそれで．

　本書は私の個人名で出版できた3冊目の本です．前2冊は授業の教科書として執筆したので，内容や構成に自分自身の趣味を反映させられたものは1冊目です．学生時代ぼんやりと「自分で書きたい内容の本を書いて出版できたらいいなぁ」（当時と今では出版の意味がちょっと違うような気もしますが）という願望が，こういう形で結実したのが感慨深くあります．

　2023年12月，執筆の一年間を振り返りつつ．

小中　英嗣

参考文献

[1] イチローは異例引退会見で何を語ったか（最終）「メジャーは頭を使わなくてもいい野球になりつつある」. https://news.yahoo.co.jp/articles/7ad5602b2908525f40fa3c981b53ab6f44aac5ef, 2019.

[2] Retrosheet. https://www.retrosheet.org/.

[3] 鳩山由紀夫. 野球のOR. オペレーションズリサーチ：経営の科学, Vol. 24, No. 4, pp. 203–212, 1979.

[4] マイケル・ルイス. マネー・ボール［完全版］. 早川書房, 2013.

[5] トラヴィス・ソーチック. ビッグデータベースボール. KADOKAWA, 2019.

[6] MLB.com. Runs Created (RC). https://www.mlb.com/glossary/advanced-stats/runs-created. 2023年1月14日参照.

[7] 蛭川皓平. セイバーメトリクス入門　脱常識で野球を科学する. 水曜社, 2019.

[8] MLB.com. Walks And Hits Per Inning Pitched (WHIP). https://www.mlb.com/glossary/standard-stats/walks-and-hits-per-inning-pitched. 2023年1月15日参照.

[9] Théodore Géricault. The 1821 Derby at Epsom. https://en.wikipedia.org/wiki/The_1821_Derby_at_Epsom#/media/File:Le_Derby_de_1821_%C3%A0_Epsom_-_Th%C3%A9odore_G%C3%A9ricault_-_Mus%C3%A9e_du_Louvre_Peintures_MI_708.jpg, 1821.

[10] H. Shah. How a 19th-century photographer made the first 'gif' of a galloping horse. https://www.smithsonianmag.com/smithsonianinstitution/how-19th-century-photographerfirst-gif-galloping-horse-180970990/, December 2018.

[11] Eadweard Muybridge. The horse in motion. http://loc.gov/pictures/resource/cph.3a45870/, 1878.

[12] Piper Slowinski. What is PITCHF/x? https://library.fangraphs.com/misc/pitch-fx/, February 2010.

[13] 会社概要：Trackman. https://www.trackman.com/ja/about. 2023年1月閲覧.

[14] ベン・リンドバーグ, トラビス・ソーチック. アメリカン・ベースボール革命：データ・テクノロジーが野球の常識を変える. 化学同人, 2021.

[15] Ben Jedlovec. Introducing Statcast 2020: Hawk-Eye and Google Cloud. https://technology.mlblogs.com/introducing-statcast-2020-hawk-eye-and-google-cloud-a5f5c20321b8, September 2020.

[16] MLB.com. Four-Seam Fastball (FA). https://www.mlb.com/glossary/pitch-types/four-seam-fastball. 2023年1月21日参照.

[17] MLB.com. Two-Seam Fastball (FT). https://www.mlb.com/glossary/pitch-types/two-seam-fastball. 2023年1月21日参照.

[18] 1858 NABBP Rules. https://protoball.org/1858_NABBP_Rules. 2023年1月22日参照.

[19] 1863 NABBP Rules. https://protoball.org/1863_NABBP_Rules. 2023年1月22日参照.

[20] Baseball Almanac. The Strike Zone: A History of Official Strike Zone Rules. https://www.baseball-almanac.com/articles/strike_zone_rules_history.shtml.

[21] 日本プロフェッショナル野球組織, 全日本野球協会（編）. 公認野球規則2022 Official Baseball Rules. ベースボール・マガジン社, 2022.

[22] L.J. Wertheim and T.Moskowitz. *Scorecasting: The Hidden Influences Behind How Sports Are Played and Games Are Won.* Crown Archetype, 2011.

[23] Moore's law and Intel innovation. https://www.intel.co.jp/content/www/jp/ja/history/museum-gordon-moore-law.html. 2023年1月23日参照.

[24] AnTuTu Benchmark. Performance Ranking of V9. https://www.antutu.com/en/ranking/ios1.htm. 2023年1月24日参照.

[25] Baseball Savant. Visuals. https://baseballsavant.mlb.com/visuals. 2023年2月1日参照.

[26] Trevor Bauer. ピッチトンネルって何？ バウアーが解説（トレバー・バウアー）. https://www.youtube.com/watch?v=9yXpSOsDbbQ, July 2020. 2023年3月30日参照.

[27] Gregory Sawicki, Mont Hubbard, and W.J. Stronge. How to hit home runs: Optimum baseball bat swing parameters for maximum range trajectories. *American Journal of Physics*, vol.71, No.11, pp.1152-1162. 2003.

[28] 城所収二, 若原卓, 矢内利政. 野球のバッティングにおける打球の運動エネルギーを決定するスイングとインパクト. バイオメカニクス研究, Vol. 16, No. 4, pp. 220–230, 2012.

[29] 城所収二, 矢内利政. 野球における打ち損じた際のインパクトの特徴. バイオメカニクス研究, Vol. 21, No. 2, pp. 52–64, 2017.

[30] MLB.com. Barrel. https://www.mlb.com/glossary/statcast/barrel. 2023年1月26日参照.

[31] スポニチアネックス. ダルビッシュ MLBのデータ野球の"進化"に「つまらない。答えが出ている問題集と一緒になっている」. https://www.sponichi.co.jp/baseball/news/2023/01/16/kiji/20230116s00001004296000c.html, 2023. 2023年1月28日参照.

[32] IBM 100. Deep Blue. https://web.archive.org/web/20230129230908/https://www.ibm.com/ibm/history/ibm100/us/en/icons/deepblue/. 2023年1月29日参照.

[33] 日本将棋連盟. 電王戦. https://www.shogi.or.jp/match/denou/. 2023年1月29日参照.

[34] DeepMind. AlphaGo. https://deepmind.com/research/highlighted-research/alphago. 2023年1月29日参照.

[35] FIFA. More than half the world watched record-breaking 2018 World Cup. https://www.fifa.com/tournaments/mens/worldcup/2018russia/media-releases/more-than-half-the-world-watched-record-breaking-2018-world-cup, December 2018. 2023年2月1日参照.

[36] Melanie Dinjaski. Davis Cup 2016: USA's John Isner breaks serve speed record with 253km.h bomb. https://www.foxsports.com.au/tennis/davis-cup-2016-usas-john-isner-breaks-serve-speed-record-with-253kmh-bomb/news-story/36019d7f91f8276845e70616861ee8a2, June 2016. 2023年1月30日参照.

[37] 薩摩順吉. 理工系の数学入門コース7 確率・統計. 岩波書店, 1989.

[38] L. Bortkiewicz. *Das Gesetz der Kleinen Zahlen*. Leipzig: B.G. Teubner., 1896.

[39] Bundesliga. Tracking - How the Bundesliga Stats are Collected. https://www.youtube.com/watch?v=ujakhyFWQ8E, November 2013. 2023年3月30日参照.

[40] データスタジアム株式会社. https://www.datastadium.co.jp/. 2023年1月30日参照.

[41] Football LAB. https://www.football-lab.jp/. 2023年2月1日参照.

[42] wyscout. https://wyscout.com/. 2023年2月1日参照.

[43] Luca Pappalardo. Soccer match event dataset. https://figshare.com/collections/Soccer_match_event_dataset/4415000/2. 2023年2月1日参照.

[44] Luca Pappalardo, Paolo Cintia, Alessio Rossi, Emanuele Massucco, Paolo Ferragina, Dino Pedreschi, and Fosca Giannotti. A public data set of spatio-temporal match events in soccer competitions. *Scientific Data*, 2019.

[45] Opta Analyst. https://twitter.com/OptaAnalyst/status/1597553233836507139, November 2022.

[46] Bill Connelly. How soccer changed between World Cups: Using data to chart the evolution of the beautiful game. https://www.espn.com/soccer/story/_/id/37633737/how-soccer-changed-world-cups, November 2022. 2023年5月19日参照.

[47] Jake Kolliari. The evolution of shooting in the Premier League. https://apfa.io/the-evolution-of-shooting-in-the-premier-league/, May 2023. 2023年5月19日参照.

[48] Rene Descartes. *Principia Philosophiae*. 1644.

[49] J J O'Connor and E F Robertson. Georgy Fedoseevich Voronoy. https://mathshistory.st-andrews.ac.uk/Biographies/Voronoy/, 2007.

[50] コエテコ編集部. 算数を使ってサッカー戦術を練ろう！川崎フロンターレ主催「STEAM 教育 × SOCCER」イベントレポート. https://coeteco.jp/articles/10490, April 2019. 2023年2月2日参照.

[51] Tsuyoshi Taki and Jun'ichi Hasegawa. Visualization of dominant region in team games and its application to teamwork analysis. *Proceedings Computer Graphics International 2000*, pp. 227–235, 2000.

[52] Ulf Brefeld, Jan Lasek, and Sebastian Mair. Probabilistic movement models and zones of control. *Machine Learning*, Vol. 108, pp. 127–147, 2019.

[53] William Spearman. Quantifying pitch control. In *2016 OptaPro Analytics Forum*, 2016.

[54] Friends of Tracking. Liverpool FC data scientist William Spearman's masterclass in pitch control. https://www.youtube.com/watch?v=X9PrwPyolyU, April 2020. 2023年3月28日参照.

[55] Jonny Whitmore. What Are Expected Assists (xA)? https://theanalyst.com/eu/2021/03/what-are-expected-assists-xa/, March 2021. 2023年2月3日参照.

[56] 山口遼. "マクロな配置論" と "ミクロな原則" の相互作用. 対策の対策の果てにたどり着いたペップ・シティの最新版ポジショナルプレー. https://www.footballista.jp/special/142973, July 2022. 2023年2月4日参照.

[57] 田邊雅之. ポジショナルプレー、これが決定版. グアルディオラに直接聞いてみた. https://number.bunshun.jp/articles/-/829947, February 2018. 2023年2月4日参照.

[58] 結城康平. サッカーを革新したチェスの概念. ポジショナルプレーという配置論. https://www.footballista.jp/special/38739, October 2017. 2023年2月4日参照.

[59] B. Pandolfini. *Weapons of Chess: An Omnibus of Chess Strategies*. Fireside chess library. Touchstone, 1989.

[60] Chess Strategy Online. Introduction to chess strategy: Positional advantage. https://www.chessstrategyonline.com/content/tutorials/introduction-to-chess-strategy-positional-advantage. 2023年5月18日参照.

[61] David Silver, Aja Huang, Chris J. Maddison, Arthur Guez, Laurent Sifre, George van den Driessche, Julian Schrittwieser, Ioannis Antonoglou, Veda Panneershelvam, Marc Lanctot, Sander Dieleman, Dominik Grewe, John Nham, Nal Kalchbrenner, Ilya Sutskever, Timothy Lillicrap, Madeleine Leach, Koray Kavukcuoglu, Thore Graepel, and Demis Hassabis. Mastering the game of Go with deep neural networks and tree search. *Nature*, Vol. 529, p. 484–489, 2016.

[62] David Silver, Julian Schrittwieser, Karen Simonyan, Ioannis Antonoglou, Aja Huang, Arthur Guez, Thomas Hubert, Lucas Baker, Matthew Lai, Adrian Bolton, Yutian Chen, Timothy Lillicrap, Fan Hui, Laurent Sifre, George van den Driessche, Thore Graepel, and Demis Hassabis. Mastering the game of Go without human knowledge.

Nature, No. 550, p.354–359, 2017.

[63] 浅川直輝. 圧勝「囲碁AI」が露呈した人工知能の弱点. https://www.nikkei.com/article/ DGXMZO98496540W6A310C1000000/, March 2016. 2023年2月5日参照.

[64] Javier Fernández, Lukev Bornn, and Daniel Cervone. A framework for the fine-grained evaluation of the instantaneous expected value of soccer possessions. *Machine Learning*, Vol. 110, p. 1389–1427, 2021.

[65] Tom Decroos, Lotte Bransen, Jan Van Haaren, and Jesse Davis. Actions speak louder than goals: Valuing player actions in soccer. In *Proceedings of the 25th ACM SIGKDD International Conference on Knowledge Discovery & Data Mining*, KDD '19, p. 1851–1861, New York, NY, USA, 2019. Association for Computing Machinery.

[66] Google Research. Google Research Football with Manchester City F.C. https://www. kaggle.com/c/google-football, 2021. 2023年2月5日参照.

[67] Christopher John Cornish Hellaby Watkins. *Learning from delayed rewards*. PhD thesis, King's College, Cambridge United Kingdom, 1989.

[68] Christopher J. C. H. Watkins and Peter Dayan. Q-learning. *Machine Learning*, Vol. 8, No. 8, pp. 279– 292, 1992.

[69] Online Etymology Dictionary. https://www.etymonline.com/word/sport#etymonline_ v_24403. 2023年1月23日参照.

[70] Allen Guttmann. sports. https://www.britannica.com/sports/sports, 2022. 2023年1月 23日参照.

[71] Basketball-Reference. NBA Single Game Leaders and Records for Points. https://www. basketball-reference.com/leaders/pts_game.html. 2023年2月17日参照.

[72] Ryan Wood. The History of the 3-Pointer. https://www.usab.com/youth/news/2011/06/ the-history-of-the-3-pointer.aspx, 2011. 2023年2月17日参照.

[73] Basketball Reference. Houston Rockets at Boston Celtics Box Score, October 12, 1979. https://www.basketball-reference.com/boxscores/197910120BOS.html. 2023年2月17日 参照.

[74] Sports Viz Sunday. 2020 - June - NBA Shots (1997-2019). https://data.world/ sportsvizsunday/june-2020-nba-shots-1997-2019, 2020. 2022年2月17日参照.

[75] Michael Burgess II. The 3-pointer: History and overview when and how did the 3 pointer begin? https://www.redbull.com/us-en/history-of-the-3-pointer, 2022. 2023年 2月19日参照.

[76] WorldRugby. South Africa v Japan, Pool B | Rugby World Cup 2015. https://www. world.rugby/match/14194, September 2019. 2022年2月22日参照.

[77] WorldRugby. 勝利たぐり寄せた主将リーチの決断. https://www.world.rugby/match/14194, September 2019. 2023年2月22日参照.

[78] ワールドラグビー日本チャンネル. GW企画配信［フルマッチ］RWC 2015: 日本対南アフリカ . https://www.youtube.com/watch?v=LFy1r3nu-mU, May 2020. 2023年3月10日参照.

[79] (公財) 日本ラグビーフットボール協会. ラグビーを知る・楽しむ ラグビー基本情報. https:// www.rugby-japan.jp/guide/rugby/. 2023年2月22日参照.

[80] 熊谷市総合政策部ラグビータウン推進課. ラグビーの昔と今. https://www.city.kumagaya. lg.jp/kumagaya-rugby/rugby-try/chishiki10.html, 2021. 2023年2月27日参照.

[81] RugbyFootballHistory.com. Scoring through the ages. http://www.rugbyfootballhistory.com/scoring.htm. 2023年2月27日参照.

[82] Adam Hathaway. Why is a try called a try in rugby? https://www.rugbyworld.com/takingpart/rugby-basics/why-is-a-try-called-a-try-in-rugby-136012, March 2022. 2023年2月27日参照.

[83] World Rugby. 日本 v サモアーラグビーワールドカップ2019. https://www.youtube.com/watch?v=kRVJ_eBIeMI&t=5915s, August 2020. 2022年3月14日参照.

[84] 国際オリンピック委員会. オリンピック憲章. https://www.joc.or.jp/olympism/charter/pdf/olympiccharter200300j.pdf, 2003. 2023年3月14日参照.

[85] 宮脇裕史.【データコラム】ブレイク戦略. https://www.vleague.jp/topics/news_detail/21509, December 2019. 2023年3月14日参照.

[86] The Editors of Encyclopedia Britannica. Badminton. https://www.britannica.com/sports/badminton. 2023年3月15日参照.

[87] Rick Rennert. The US Open introduced the tiebreak set 50 years ago today. https://www.usopen.org/en_US/news/articles/2020-09-02/the_us_open_introduced_the_tiebreak_set_50_years_ago_today.html, September 2020. 2023年3月15日参照.

[88] Rahul Venkat. The longest tennis match in history: When even the scoreboard stopped working! https://olympics.com/en/news/longest-tennis-match-history-grand-slam-record, January 2023. 2023年3月15日参照.

[89] Tumaini Carayol. Final sets in all four tennis grand slams to be decided by 10-point tie-break. https://www.theguardian.com/sport/2022/mar/16/final-sets-in-all-four-grand-slams-to-be-decided-by-10-point-tie-break-tennis, March 2022. 2023年3月15日参照.

[90] 篠崎有理枝. 統一球が持つ根本的な問題とは？ プロ野球の信頼を揺るがした事態に提言. https://sports.yahoo.co.jp/column/detail/201404230007-spnavi, April 2014. 2023年3月16日参照.

[91] Anthony Castrovince. Pitch timer, shift restrictions among announced rule changes for '23. https://www.mlb.com/news/mlb-2023-rule-changes-pitch-timer-larger-bases-shifts, February 2023. 2023年3月16日参照.

[92] Anthony Castrovince. How baseball settled on 60 feet, 6 inches. a lot of experimentation and a lot of strikeouts along the way. https://www.mlb.com/news/why-is-the-mound-60-ft-6-inches-away, August 2021. 2023年3月16日参照.

[93] Joe Pompliano. The Data Behind MLB's 2023 Rule Changes. https://huddleup.substack.com/p/the-data-behind-mlbs-2023-rule-changes, February 2023. 2023年3月12日参照.

[94] FIFA. Geoff Hurst on famous hat-trick — 1966 FIFA World Cup Final. https://www.youtube.com/watch?v=qxnFW3LjDIg, July 2016. 2023年3月21日参照.

[95] 大相撲PRESS. 相撲のビデオ判定はあくまで「目安」。ハイテク偏重の前にあった先人の知恵。 https://number.bunshun.jp/articles/-/839633, June 2019. 2023年3月22日参照.

[96] 佐々木一郎. 大相撲ビデオ判定導入の真相 47年前何があった？ https://www.nikkansports.com/battle/sumo/news/1729921.html, October 2016. 2023年3月22日参照.

[97] IIHF. IIHF Official Rule Book 2018-2022. https://www.jihf.or.jp/common/pdf/IIHF_Rulebook_2018_2022.pdf. 2023年3月22日参照.

[98] NHL. Chara hits 108.8 mph. All Star memories. https://www.youtube.com/watch?v=PLJFSjZ4VbU&ab_channel=NHL, January 2023. 2023年3月22日参照.

[99] Dana Fjermestad / New York Islanders. THE HISTORIAN: REPLAYING HISTORY. `https://web.archive.org/web/20230105055043/https://www.nhl.com/islanders/news/the-historian-replaying-history/c-541889`, October 2010. 2023年3月21日参照.

[100] Danielle L'Ami. What is the NHL's Situation Room? `https://www.sportsfeelgoodstories.com/what-is-the-nhls-situation-room/`. 2023年3月22日参照.

[101] George Mather. Perceptual uncertainty and line-call challenges in professional tennis. *Proceedings. Biological sciences / The Royal Society*, Vol. 275, pp. 1645–51, 08 2008.

[102] Ewen Callaway. Tennis line judges fluff one in ten close calls. `https://www.newscientist.com/article/dn13686-tennis-line-judges-fluff-one-in-ten-close-calls/`, April 2008. 2023年3月22日参照.

[103] Nick Forrest Evangelista and Elijah Granet. fencing. `https://www.britannica.com/sports/fencing`, February 2023. 2023年3月23日参照.

[104] ERIK SHILLING. The long history behind fencers' hit-detecting electrified gear. `https://www.atlasobscura.com/articles/the-long-history-behind-fencers-hitdetecting-electrified-gear`, August 2016. 2023年3月23日参照.

[105] FIFA. Argentina v England — 1986 FIFA World Cup — Full Match. `https://www.youtube.com/watch?v=Pl3AnYCeTrU&t=2115s`, April 2018. 2023年3月25日参照.

[106] FIFA. マラドーナ、イングランド、そして「神の手」. `https://www.fifa.com/fifaplus/ja/articles/maradona-england-and-the-hand-of-god-ja`. 2023年3月25日参照.

[107] FIFA. Germany v England — 2010 FIFA World Cup — Full Match. `https://youtu.be/eMdTsex8Cyw?t=2447`, April 2020. 2023年3月25日参照.

[108] ロイター. サッカー＝FIFAが「ゴール判定技術」導入へ、審判5人制も. `https://www.reuters.com/article/tk0844382-soccer-goal-judge-tech-idJPTYE86502G20120706`, July 2012. 2023年3月25日参照.

[109] Joao Medeiros. サッカーW杯で賛否両論！「VAR」によるヴィデオ判定導入の舞台裏. `https://wired.jp/2018/06/28/var-world-cup/`, June 2018. 2023年3月25日参照.

[110] FIFA. 半自動オフサイド技術、2022 FIFAワールドカップで適用へ. `https://www.fifa.com/fifaplus/ja/articles/semi-automated-offside-technology-to-be-used-at-fifa-world-cup-2022-tm-ja`, 2022. 2023年3月29日参照.

[111] 齋藤裕（NumberWeb編集部）. 三笘薫"奇跡の1ミリ"、あの"証拠写真"を撮影した外国人カメラマンに直撃取材「なぜ撮れた？」「地上50mからニッポンのゴールを待っていた」. `https://number.bunshun.jp/articles/-/855640`, December 2022. 2023年3月29日参照.

[112] Jose R. Perez, Jonathan Burke, Abdul K. Zalikha, Dhanur Damodar, Joseph S. Geller, Andrew N.L. Buskard, Lee D. Kaplan, and Michael G. Baraga. The effect of Thursday night games on in-game injury rates in the National Football League. *The American Journal of Sports Medicine*, Vol. 48, No. 8, pp. 1999–2003, 2020. PMID: 32412782.

[113] NFL Player Health and Safety. NFL health and safety fact sheet. `https://static.www.nfl.com/image/upload/v1663083431/league/wtfojbseugefifxgmuiu.pdf`, August 2022. 2023年5月18日参照.

[114] Anatoly Vorobyev, Ilya Solntsev, and Nikita Osokin. *Football Development Index: Rationale, Methodology, and Application*. Lexington Books, 2017.

[115] John Barrow. Decathlon: the art of scoring points. `https://nrich.maths.org/8346`, 2012 (revised 2021). 2023年3月30日参照.

[116] 公益社団法人日本近代五種協会. 近代五種競技. https://pentathlon.jp/competition/modern-pentathlon/. 2023年4月1日参照.

[117] 公益社団法人日本山岳・スポーツクライミング協会. 種目とルール. https://www.jma-climbing.org/rule/. 2023年4月1日参照.

[118] International Judo Federation. Olympic Games Tokyo 2020, F-52kg. https://www.ijf.org/competition/2035/draw?id_weight=9, 2021. 2023年4月7日参照.

[119] ATP. ATP Rankings FAQ. https://www.atptour.com/en/rankings/rankings-faq. 2023年4月7日参照.

[120] E. Konaka. Match results prediction ability of official ATP singles ranking. preprint on arXiv, https://arxiv.org/abs/1705.05831, May 2017.

[121] 小中英嗣. なぜランキング32位はいつも1260ポイントなのか？−ATPランキングポイント設計の一貫性−. 計測自動制御学会　第63回離散事象システム研究会講演論文集, pp. 28–33, 2018.

[122] Rugby World Cup. 日本初戦が番狂わせランキングトップ. https://www.rugbyworldcup.com/news/111746, October 2015. 2023年3月10日参照.

[123] World Rugby. Rankings explanation. https://www.world.rugby/tournaments/rankings/explanation, 2023年4月7日参照.

[124] A.E. Elo. *The Rating of Chessplayers: Past and Present*. Ishi Press International, 1978.

[125] Raymond Stefani. The methodology of officially recognized international sports rating systems. *Journal of Quantitative Analysis in Sports*, Vol. 7, No. 4, 2011.

[126] FIFA. Women's ranking procedures. https://www.fifa.com/fifa-world-ranking/procedure-women. 2023年4月13日参照.

[127] FIFA. Revision of the FIFA / Coca-Cola world ranking. https://digitalhub.fifa.com/m/f99da4f73212220/original/edbm045h0udbwkqew35a-pdf. 2023年4月13日参照.

[128] FIVB. FIVB Volleyball World Ranking. https://en.volleyballworld.com/volleyball/world-ranking/ranking-explained. 2023年4月13日参照.

[129] 中島隆信. 大相撲の経済学. 筑摩書房, 2008.

[130] 小中英嗣. 大相撲における力士の実力の定量的評価指標の提案. 電子情報通信学会論文誌A, Vol. J103-A, No. 2, pp. 55–65, 2 2020.

[131] Kenneth Massey. Statistical models applied to the rating of sports teams. *Bluefield College*, 1997.

[132] J J O'Connor and E F Robertson. Andrei Andreyevich Markov. https://mathshistory.st-andrews.ac.uk/Biographies/Markov/, 2004. 2023年4月18日参照.

[133] Amy N.Langville and Carl D.Meyer. レイティング・ランキングの数理—No.1は誰か？—. 共立出版, 2015.

[134] ITmedia NEWS. 96年当時の「Yahoo! JAPAN」トップページ再現 「COOLサイト」も. https://www.itmedia.co.jp/news/articles/1604/27/news080.html, 2016. 2023年4月20日参照.

[135] Sergey Brin and Lawrence Page. The anatomy of a large-scale hypertextual web search engine. *Computer Networks and ISDN Systems*, Vol. 30, No. 1, pp. 107–117, 1998. Proceedings of the Seventh International World Wide Web Conference.

[136] Amy N.Langville and Carl D.Meyer. Google PageRankの数理—最強検索エンジンのランキング手法を求めて—. 共立出版, 2009.

[137] 高橋信. IRT項目反応理論入門: 統計学の基礎から学ぶ良質なテストの作り方. オーム社, 2021.

[138] 大友賢二. 項目応答理論—TOEFL・TOEIC等の仕組み—. 電子情報通信学会誌, Vol. 92, No. 12, pp. 1008–1012, 2009.

[139] 公益財団法人　日本英語検定境界. 英検CSEスコアでの合否判定方法について. https://www.eiken.or.jp/eiken/exam/eiken-cse_admission.html. 2023年4月27日参照.

[140] 独立行政法人　情報処理推進機構. 情報処理技術者試験情報処理安全確保支援士試験. https://www.ipa.go.jp/shiken/syllabus/ps6vr7000000i0p0-att/youkou_ver5_0.pdf, 2022. 2023年4月27日参照.

[141] TINA DAUNT. Nate Silver: How the New York Times' election blogger became Hollywood's xanax. https://www.hollywoodreporter.com/news/general-news/nate-silver-how-new-york-385114/, November 2012. 2023年4月27日参照.

[142] Andrew Hough. Nate Silver: politics 'geek' hailed for Barack Obama wins US election forecast. https://www.telegraph.co.uk/news/worldnews/us-election/9662363/Nate-Silver-politics-geek-hailed-for-Barack-Obama-wins-US-election-forecast.html, November 2012. 2023年4月27日参照.

[143] 小中英嗣. バレーボール各国代表チームのレーティング手法の提案および結果予測・大会形式評価への応用. 統計数理, Vol. 65, No. 2, pp. 251–269, dec 2017.

[144] Eiji Konaka. A quantitative method for evaluating the skills of national volleyball teams: Prediction accuracy comparisons of the official ranking system in the worldwide tournaments of 2010s. In *proceedings of the MathSport International 2019 conference*, pp. 202–216, 2019.

[145] E. Konaka. A unified statistical rating method for team ball games and its application to predictions in the Olympic Games. *IEICE TRANSACTIONS on Information and Systems*, Vol. E102-D, No. 6, pp. 1145–1153, June 2019.

[146] 小中英嗣. 東京オリンピックの球技予測まとめ. https://note.com/konakalab/n/n8acf175441c0, August 2021. 2023年5月12日参照.

[147] AP Press. Medal predictions for events at the Tokyo Olympics. https://apnews.com/article/sports-2020-tokyo-olympics-africa-canada-middle-east-b95fdb2d762d7fbcf16e6555effc47be, July 2021. 2023年5月12日.

[148] Richard Pollard. Home advantage in soccer: A retrospective analysis. *Journal of sports sciences*, Vol. 4, pp. 237–48, 02 1986.

[149] K. Courneya and A. Carron. The home advantage in sport competitions: A literature review. *Journal of Sport & Exercise Psychology*, Vol. 14, pp. 13–27, 1992.

[150] Alan M Nevill and Roger L Holder. Home advantage in sport. *Sports Medicine*, Vol. 28, No. 4, pp. 221–236, 1999.

[151] Richard Pollard. Home advantage in football: A current review of an unsolved puzzle. *The Open Sports Sciences Journal*, Vol. 1, pp. 12–14, June 2008.

[152] FIBA. Competition system. https://www.fiba.basketball/olympics/men/2020/competition-system, 2020. 2023年5月12日参照.

[153] Stephen Pettigrew and Danyel Reiche. Is there home-field advantage at the Olympics? https://fivethirtyeight.com/features/is-there-home-field-advantage-at-the-olympics/, August 2016. 2023年5月12日参照.

[154] Mart Jürisoo. International football results from 1872 to 2023. `https://www.kaggle.com/datasets/martj42/international-football-results-from-1872-to-2017`, 2023. 2023年5月13日参照.

[155] Jay Boice. How our club soccer predictions work. `https://fivethirtyeight.com/methodology/how-our-club-soccer-predictions-work/`. 2023年5月13日参照.

[156] World Rugby Passport. Physical conditioning. `https://passport.world.rugby/injury-prevention-and-risk-management/rugby-ready/physical-conditioning/`. 2023年5月13日参照.

[157] Futbolmetrix. Euro2020 sophcon – final results. `https://futbolmetrix.wordpress.com/2021/07/12/euro2020-sophcon-final-results/`, July 2021. 2023年5月18日参照.

[158] James Surowiecki. *The Wisdom of Crowds*. Anchor,2005.

[159] ジェームズ・スロウィッキー. 「みんなの意見」は案外正しい. 角川文庫, 2009.

[160] Achim Zeileis, Christoph Leitner, and Kurt Hornik. Probabilistic forecasts for the 2018 FIFA World Cup based on the bookmaker consensus model. Technical report, WorkingPapers in Economics and Statistics, No. 2018-09, University of Innsbruck, 2018.

[161] デイヴィッド・サンプター. サッカーマティクス（文庫版）. 光文社, 2022.

索引

数字

3-1-0制度 90, 91
3ポイント 78, 80, 82-84
——シュート 77, 81
——ライン 81-83

A

AI(artificial intelligence)...65, 67-70
American Basketball League
(ABL)..78
ATP(Association of Tennis
Professionals)...............................131
——ランキング 131, 132, 134

B

BABIP(Batting average on balls
in play)..14
Baseball Abstract 9
Boxscore...45

C

COVID-19...... 37, 192, 197, 198, 204

D

DOGSO(Denying an Obvious Goal
Scoring Opportunity)
→決定的な得点機会の阻止
Dynamic Pitch Control
→Pitch Control

E

EURO2020...........................192-196
expected Assists(xA)
→アシスト期待値
expected goals(xG)
→ゴール期待値
Expected Possession Value(EPV)
....69

F

FIFAランキング... 115, 116, 144, 186,
187, 201, 204, 218
FIVBランキング 116, 117, 144,
172-174
FiveThirtyEight 169, 186, 187

G

GLT(Goal Line Technology)

　　　　→ゴールラインテクノロジー

Google........................... 69, 161, 204

H

Hawk-Eye...............22, 102, 103, 106

I

IMU(Inertial Measurement Unit)

　　　　　　→慣性計測ユニット

J

JupyterLab 151

M

Markov

　──の手法...............................162

　──レーティング.......................158

　──連鎖 160

Massey レーティング 154

MLB(Major League Baseball)

...3, 4, 6, 22, 32, 36, 98 – 100, 102, 113

　　　　　　→メジャーリーグ

N

NBA(National Basketball

Association)........ 74, 77–84, 98, 113

NFL(National Football League)

.... 98, 113–115, 154

NHL(National Hockey League)

.... 102, 113

O

OPS(On-base Plus Slugging)........13

Opta.......................................52, 187

P

PageRank

　　　　　　→ページランク

Pitch Control 64

PITCHf/x 20, 22, 27

play-by-play 45

python...151

Q

Q学習.......................................70, 71

R

RC(Runs Created).................12, 13

Retrosheet 4

S

Scorecasting 28

sports

→スポーツ（辞書的な定義）

Sports Illustrated 187

Statcast 22, 33

StatsBomb 52

SABR Metrics

→セイバーメトリクス

U

UEFA（Union of European Football
Associations）....... 195, 197, 198, 200

──ネーションズリーグ..... 195, 197

V

Valuing Actions by Estimating
Probabilities（VAEP）....................69

Video Assitant Referee（VAR）.....106

visualization

→可視化

Voronoi diagram

→ボロノイ図

W

WHIP（Walks plus Hits per Inning
Pitched）..................................14, 15

WINNER（スポーツくじ）
.....................................206, 208, 216

Wyscout 52

X

xA（expected Assists）

→アシスト期待値

xG（expected goals）

→ゴール期待値

あ

アイスホッケー ....97－99, 102, 113

アシスト期待値 65

アスレチックス 7, 8, 10, 11, 22

アメリカ大統領選挙......................169

アメリカン・ベースボール革命.........33

アルパド・イロ 139

い

囲碁 ....39, 67－70, 75

位置的優位性 66

イチロー...............................3, 10, 38

一対比較法 166

イロ・レーティング

.....139, 140, 143, 144, 146, 150–152,
163, 164, 172, 179, 181, 184, 204

インディアンス 11

インプレー打率

→BABIP(Batting average on balls
in play)

う

ウィルト・チェンバレン 74, 77

動く馬 19

え

エドワード・マイブリッジ

→マイブリッジ

エプソムの競馬 17, 18

お

オークランド・アスレチックス

→アスレチックス

大相撲 101, 102, 145, 146, 149

オッズ 206–208

オリンピック

...93, 95, 96, 112, 117, 122–126, 129,
131, 143, 169, 170, 172, 174–178,
180, 182, 185, 192, 196

か

可視化 31

勝点 ...50, 51, 88–91, 97, 113, 116, 200

神の手 104

川崎フロンターレ 62

慣性計測ユニット 107

き

強化学習 70

均衡した日程 113

近代五種 121

く

クーベルタン 121

クリーブランド・インディアンス

→インディアンス

群衆の知恵 202, 204, 209

グンダーセン方式 121, 122

け

決定的な得点機会の阻止 108

こ

項目応答理論 164, 165

ゴードン・ムーア

→ムーア

ゴール期待値 53–55, 57–60, 65

ゴールラインテクノロジー 106

コンバージョン 85–88

コンペ

→予測コンペ

さ

サイドアウト 92–96

サッカー欧州選手権

→EURO2020

サッカーマティクス...............205, 208

し

ジェームズ

→ビル・ジェームズ

ジェフ・ハースト...100, 101, 104, 105

ジェリコー 17

支配領域.............................61–64, 66

シフト 23, 24, 26, 98–100

十種競技..119

出塁率 5, 8, 10, 12–15

守備シフト

→シフト

将棋 39, 67

勝利打点....................................... 5, 6

ジョーダン

→マイケル・ジョーダン

人工知能

→AI

す

水球 176, 178

スーパーボウル 115

スキーアスロン 119

スタットキャスト

→Statcast

ストライクゾーン 27, 28

スピアマン 64

スポーツ（辞書的な定義）.................75

スポーツクライミング 122–124

せ

セイバーメトリクス..8, 10–15, 17, 21, 33, 35, 37, 169

セーブ.. 4, 6

た

タイブレーク 96, 97

大鵬 101

奪三振率..14

タッチダウン 86, 87

ダブルエリミネーション 130

ダルビッシュ有............................38

ち

チェス.....39, 65–68, 70, 75, 139, 143

チェンバレン

→ウィルト・チェンバレン

長打率..............................5, 8, 13, 36

つ

ツーシーム 24–26, 35

て

データスタジアム株式会社..............52

テオドール・ジェリコー

→ジェリコー

テニス.......22, 96, 102, 103, 106, 118, 129, 131, 135, 136, 149

と

統一球（野球）................................98

得点期待値（バスケットボール）...82, 84

ドップラー効果............................20

トライ 85–90

トライアスロン 119

トラッキングデータ..........................52

トラック競技 119

トラックマン 20, 22, 31

トレバー・バウアー..................33, 35

ドロップゴール 85, 87

な

七種競技..119

に

ニューラルネットワーク 68

ね

ネイト・シルバー..........................169

ネイピア数 48

の

ノルディック複合 121

は

ハースト
　　　　　→ジェフ・ハースト

バイアスロン 121

ハイパーテキスト 161, 162

パイレーツ 22, 24, 26, 29, 35, 98

バウアー
　　　　　→トレバー・バウアー

バドミントン 96

鳩山由紀夫 10

バレルゾーン 35, 36

番付 ....145 – 147, 149

ハンドボール ....175 – 177, 197

反発係数...97

ひ

ピタゴラス勝率 15, 16, 184

ピッチトンネル 34, 35

ピッツバーグ・パイレーツ
　　　　　→パイレーツ

ビデオ判定 101, 102, 106

ビリー・ビーン 7, 8, 10

ビル・ジェームズ....................8, 9, 12

ふ

フィードバック 33, 35

フィールド競技 119

フィギュアスケート... 123, 124, 126, 127

フェンシング 103, 104, 121

フォーシーム 25, 26, 35

不均衡な日程 113

複合（アルペンスキー）..................119

ブックメーカー 205

──の合意......................202

フライボール革命 35, 37, 99

プレイオフ 29, 114

プレイ単位のデータ
　　　　　→play-by-play

フレーミング 26, 28, 29

フロンターレ
　　　　　→川崎フロンターレ

ブンデスリーガ 52

へ

ページランク（PageRank）.... 161, 162

241

ペナルティゴール 85-87

ほ

ポアソン分布 46-48, 50, 51, 210

ホークアイ

→Hawk-Eye

ボーナスポイント（ラグビー）....89, 90

ホームアドバンテージ 180, 181

ホールド（野球）........................... 4, 6

ホールド（スポーツクライミング）

.... 122, 123

ポジショナルプレー....................65, 66

ポストシーズン 20, 114

ホッケー.......................176, 178, 180

ボロノイ図 61, 62, 64

ま

マイケル・ジョーダン 74, 77, 78

マイケル・ルイス............................11

マイブリッジ 18

マネー・ボール 11

マラドーナ 104

マンチェスター・シティFC 69

む

ムーア 30

――の法則.....................................30

め

メジャーリーグ

.... 3, 4, 9, 11, 12, 20, 29, 33

メドレーリレー（水泳）....................119

や

野球のOR 9

よ

ヨーロッパサッカー連盟

→UEFA

横綱 101, 145, 147, 149, 150

横綱審議委員会 149

予測コンペ 196, 197, 203

ら

ラグビー世界ランキング 136

ラリーポイント....................92-96, 170

ランキング 112, 143, 168

ランダムウォーク 170, 171

り

リヴァプールFC 64

れ

レーザーラン（近代五種）..............122

レーティング 140, 168

レギュラーシーズン...................7, 114

レトロシート

→ Retrosheet

著者プロフィール

小中 英嗣 (こなか・えいじ)

名城大学情報工学部准教授. 博士 (工学, 名古屋大学).

専門分野はシステム制御理論と, その知識を活用したスポーツデータ分析. スポーツ分野ではランキング設計, チーム・選手の定量的評価, および試合結果予測などに取り組む.

趣味はスタジアムや美術館・博物館めぐり. 名古屋生まれ名古屋育ち. サポートクラブは名古屋グランパス.

著書に『Javaで学ぶオブジェクト指向プログラミング入門』(2008, 共著. サイエンス社), 『現象を解き明かす微分方程式の定式化と解法』(2016, 単著. 森北出版) がある.

本書のサポート情報は、右の QR コードから
書籍サイトにアクセスの上、ご確認ください。

知りたい！サイエンス

科学で迫る勝敗の法則
—— スポーツデータ分析の最前線

2024年 1 月 10 日　初版　第 1 刷発行

著　者　小中 英嗣
発行者　片岡 巌
発行所　株式会社技術評論社
　　　　東京都新宿区市谷左内町21-13
　　　　電話　03-3513-6150　販売促進部
　　　　　　　03-3267-2270　書籍編集部
印刷・製本　昭和情報プロセス株式会社

定価はカバーに表示してあります。

造本には細心の注意を払っておりますが、万一、乱丁（ページの
乱れ）や落丁（ページの抜け）がございましたら、小社販売促進
部までお送りください。送料小社負担にてお取り替えいたします。

ISBN978-4-297-13927-8　C3040
Printed in Japan

●装丁
　中村友和（ROVARIS）

●本文編集・デザイン・DTP
　株式会社トップスタジオ

●進行
　佐藤丈樹（技術評論社）